《国家森林草原火灾应急预案》解读

张思玉　陈戈萍　编著

中国林业出版社
China Forestry Publishing House

图书在版编目(CIP)数据

《国家森林草原火灾应急预案》解读 / 张思玉，陈戈萍编著.
--北京：中国林业出版社，2021.12
ISBN 978-7-5219-1468-9

Ⅰ.①国… Ⅱ.①张… ②陈… Ⅲ.①森林防火-应急对策-中国-学习参考资料
②草原-防火-应急对策-中国-学习参考资料 Ⅳ.①S762.3②S812.6

中国版本图书馆 CIP 数据核字(2021)第 274007 号

中国林业出版社

策划编辑：吴　卉　肖基浒
责任编辑：张　佳　肖基浒　孙源璞
电　　话：010-83143561

出版发行：中国林业出版社
邮　　编：100009
地　　址：北京市西城区刘海胡同 7 号
印　　刷　河北鑫汇壹印刷有限公司
版　　次　2021 年 12 月第 1 版
印　　次　2021 年 12 月第 1 次
字　　数　100 千字
开　　本　787mm×1092mm　1/16
印　　张　4
定　　价　68.00 元

前　言

PREFACE

2020年10月26日，国务院办公厅向各省、自治区、直辖市人民政府，国务院各部委、各直属机构发布了《国务院办公厅关于印发国家森林草原火灾应急预案的通知》，颁布了经国务院同意的《国家森林草原火灾应急预案》；同时废止了2012年12月17日经国务院批准、由国务院办公厅印发的《国家森林火灾应急预案》及2010年11月1日经国务院批准、由农业部印发的《全国草原火灾应急预案》。

《国家森林草原火灾应急预案》是中华人民共和国应急管理部组建后首个修订出台的国家突发事件总体应急预案的专项预案，将原《国家森林火灾应急预案》和《全国草原火灾应急预案》进行了有机整合。《国家森林草原火灾应急预案》坚持强化习近平新时代中国特色社会主义思想的指导地位，充分吸收了森林草原防火工作的新成果、新经验，及时借鉴了历史经验和新冠疫情防控工作的有关做法，回应了新形势下森林草原防火工作的重大关切。

编制本书的主要目的是为了更好地贯彻落实《国家森林草原火灾应急预案》，促进地方各级人民政府建立健全森林草原火灾应对工作机制，依法有力有序、安全高效规范实施森林草原火灾应急处置，最大程度减少森林草原火灾及其造成的人员伤亡，保障人民群众生命财产安全，保护森林资源，维护生态安全。

《国家森林草原火灾应急预案》解读主要包括：编修的背景，编修的主要内容，预案的逐条解读，预案实施中应注意的几个关键问题。

本书得到国家自然科学基金项目（项目编号：31872705）的资助，特此致谢！

书中的主要内容或观点纯属个人观点，不代表任何单位或部门。同时，由于作者水平有限，无论是内容的取舍，还是语言文字等方面难免有不足之处，有待在今后的使用过程中进一步修改和完善。

编著者

2021年6月

目 录

CONTENTS

扫一扫查看
附录内容

第1章 《国家森林草原火灾应急预案》编修的背景

1.1《国家森林草原火灾应急预案》编修的历史背景

1.1.1 国家应急机制建设概况

进入21世纪后，世界范围内出现了诸如非典型性肺炎、禽流感以及印度洋地震海啸等一系列重大危机。我国除海啸外，上述重大危机均有发生，同时，雪灾、干旱、洪涝等灾害的发生更趋于频繁。灾害的形势如此严峻，但人们抵御自然灾害的能力却很脆弱。事实上，在2003年的“非典”之前，我国应对突发公共事件的应急预案几乎是一片空白。

“非典”之后，党中央、国务院提出了加快突发公共事件应急机制建设的重大课题。

1.1.2 国家专项应急预案编制简介

2005年5—6月，国务院印发四大类25件专项应急预案。

2005年11月16日，国务院第113次常务会议通过《重大动物疫情应急条例》。

2006年1月6日，国务院授权新华社全文播发了《国家自然灾害救助应急预案》；1月8日，国务院授权新华社播发了《国家突发公共事件总体应急预案》；1月10日起，国务院授权新华社陆续摘要播发了5件自然灾害类突发公共事件专项应急预案和9件事故灾难类突发公共事件专项应急预案。

1.1.3 《国家处置重、特大森林火灾应急预案》的编制、实施成效及必要性

（1）《国家处置重、特大森林火灾应急预案》的编制

《国家处置重、特大森林火灾应急预案》是5件自然灾害类突发公共事件专项应急预案之一。该预案是按照国务院颁发的《国家突发公共事件总体应急预案》和《国务院有关部门单位制订和修订突发事件应急预案框架指南》要求，通过广泛调研，在总结多年来森林防火工作实践经验，借鉴美国、澳大利亚、加拿大等发达国家通用做法的基础上，由原国家林业局组织起草，并于2006年1月颁布。

为做好预案的编制工作，国家林业局成立了预案起草领导小组，组织专门人员负责具体工作，先后召开多次专题会议，广泛征求了外交部、公安部等各部委以及基层的意见，最后经国务院应急预案工作小组专家审核会议审核通过。

（2）《国家处置重、特大森林火灾应急预案》的实施成效

《国家处置重、特大森林火灾应急预案》发布不久，就在处置几起重特大森林火灾中发挥了巨大的作用。

★典型案例：2006年5月21日起，黑龙江省黑河市嫩江县嘎拉山、大兴安岭松岭区

砍都河、内蒙古牙克石市免渡河因雷击相继引发森林火灾，火势快速推进，呈现地下火、地表火、树冠火立体蔓延的态势，给国家森林资源和当地人民群众生命财产安全构成极大威胁。

火灾发生后，中央领导多次对扑火工作作出重要指示，时任国务院副总理回良玉同志亲临一线指挥。按照分级响应原则，黑龙江、内蒙古两省（自治区）人民政府及国家林业局先后启动应急预案，分别派出工作组赶赴火场协调指挥。5 月 29 日，国务院扑火前线总指挥部成立，由时任国家林业局局长贾治邦同志担任总指挥，全面负责火场的组织扑救工作。

国务院扑火前线总指挥部成立后，科学地组织火灾扑救，研究确定了嘎拉山火场“三大战役”、砍都河火场“清西（线）守南（线）打东（线）控北（线）”、免渡河火场“三阶段突破”的总体扑火方案，并根据火情变化，对每次扑火工作都提出了具体作战方案，确保了一天内扑灭大火总体目标的实现。

按照预案的要求，扑火前线总指挥部紧急调动 6 架飞机、跨省（自治区）调集 1.5 万多人实施增援，中央财政紧急追加 1.42 亿元资金保障灭火，国家林业局紧急调拨 2000 万元的扑火物资支援灭火，气象部门及时提供火区天气服务，铁道、民航、交通等相关部门全力支持，提供了坚实的灭火保障。

经过 3.3 万名扑火队员连续奋战，6 月 2 日火灾被全部扑灭。

按照预案的要求，认真做好灾后处置。黑龙江、内蒙古森林防火指挥部认真组织核查火灾损失，妥善安置灾户，武警森林指挥部及时救治受伤官兵。应急工作结束后，国家林业局向国务院专题报告了火灾扑救情况。

本次重大森林火灾扑救中，由于应急预案启动及时，扑火组织科学、顺畅，应急保障有力，灾后处置得当，党中央、国务院、中央军委充分肯定了扑火战绩，并发出慰问电。国务院扑火前线指挥部召开大会，总结了扑火经验，表彰了扑火先进集体和个人。

（3）《国家处置重、特大森林火灾应急预案》修订的必要性

受全球气候变化影响，世界范围内森林火灾的发生趋于频繁，森林防火季节性的界限趋于模糊，森林火灾的危险性增大，难控性增强。特别是我国南方 2008 年初发生大范围的冰雪灾害后，森林火灾的这些变化趋势表现得尤为明显。

从 2008 年 1 月 10 日到 2 月 5 日，我国南方地区先后出现 5 次大范围低温雨雪冰冻过程。这次灾害性天气正值春运高峰，持续时间长、影响范围广、危害程度深，多数地区为五十年一遇，部分地区为百年一遇。全国有 19 个省（自治区、直辖市）受到不同程度影响，其中湖南、贵州、江西、广西、湖北、安徽、浙江 7 省（自治区）最为严重。持续低温雨雪冰冻天气造成多种灾害并发，给人民群众生命财产和工农业生产造成重大损失，正常生产生活秩序受到极大影响。

冰雪灾害过后，受灾区域的森林火险急剧增高。据笔者统计，1999—2010 年的 12 年间，全国年均发生森林火灾 9125 起。2008 年，全国发生森林火灾 14144 起，是 10 年平均的 1.55 倍。以《国家处置重、特大森林火灾应急预案》发布的 2005 年为界限，发布前的 1999—2005 年的 7 年间，全国年均发生森林火灾 8763 起；发布后的 2006—2010 年的 5 年间，全国年均发生森林火灾 9631 起。发布后年均森林火灾次数是发布前年均森林火灾次数的 1.10 倍，年均森林火灾次数反而增长了 10%。

新的森林防火形势为森林火灾应急预案提出了一个新的课题，也凸显了修订《国家处置重、特大森林火灾应急预案》的必要性和迫切性。

1.1.4 《国家森林火灾应急预案》的出台

（1）预案的名称

前述数据表明，要充分发挥森林火灾应急预案的作用，仅制定重特大森林火灾应急预案是不够的。以 2008 年的森林火灾为例，在 2008 年全国发生的 14144 起森林火灾中，重大森林火灾 13 起，没有特大森林火灾发生，重特大森林火灾累计占年森林火灾次数的 0.09%。显然，要提高我国森林防火的工作水平，有效控制森林火灾，降低森林火灾的损失，《国家森林火灾应急预案》名称应运而生。

（2）《国家处置重、特大森林火灾应急预案》编制依据的缺失

森林火灾是一种自然灾害，它具有突发性、复杂性和难控性等突出特点，属于突发事件范畴。

为了预防和减少突发事件的发生，控制、减轻和消除突发事件引起的严重社会危害，规范突发事件应对活动，保护人民生命财产安全，维护国家安全、公共安全、环境安全和社会秩序，2007 年 8 月 30 日中华人民共和国第十届全国人民代表大会常务委员会第二十九次会议通过了《中华人民共和国突发事件应对法》，自 2007 年 11 月 1 日起施行。

《中华人民共和国突发事件应对法》所称突发事件，是指突然发生，造成或者可能造成严重社会危害，需要采取应急处置措施予以应对的自然灾害、事故灾难、公共卫生事件和社会安全事件。

因此，编制森林火灾应急预案，必须以《中华人民共和国突发事件应对法》为主要依据之一。但《国家处置重、特大森林火灾应急预案》编制早于《中华人民共和国突发事件应对法》，并没有将此列入编制依据。

（3）《国家处置重、特大森林火灾应急预案》原有编制依据发生了变化

《国家处置重、特大森林火灾应急预案》编制依据有 3 个，即《中华人民共和国森林法》《森林防火条例》和《国家突发公共事件总体应急预案》。其中，在《国家处置重、特大森林火灾应急预案》之后至《国家森林火灾应急预案》出台之前，《中华人民共和国森林法》和《森林防火条例》分别在 2009 年和 2008 年进行了修订。

上述作为《国家处置重、特大森林火灾应急预案》编制依据法律法规和密切相关预案的修订，迫切要求《国家处置重、特大森林火灾应急预案》作出相应的修订。由此而催生了《国家森林火灾应急预案》。《国家森林草原火灾应急预案》则是在《国家森林火灾应急预案》基础上编修而成的。

1.2 《国家森林草原火灾应急预案》编修的现实背景

1.2.1 《国家森林草原火灾应急预案》编修是适应党和国家机构改革的需要

（1）森林草原防火工作职责的初定

根据党的十九届三中全会审议通过的《中共中央关于深化党和国家机构改革的决定》《深化党和国家机构改革方案》和第十三届全国人民代表大会第一次会议批准的《国务院机构改革方案》，中共中央办公厅、国务院办公厅分别印发了《自然资源部职能配置、内设机构和人员编制规定》《国家林业和草原局职能配置、内设机构和人员编制规定》和《应急管理部职能配置、内设机构和人员编制规定》。

《自然资源部职能配置、内设机构和人员编制规定》《国家林业和草原局职能配置、内设机构和人员编制规定》及《应急管理部职能配置、内设机构和人员编制规定》对于森林草原防（灭）火工作的职责都做了新的规定。

此次国务院机构改革，树立和践行“绿水青山就是金山银山”的理念，统筹山水林田湖草沙冰一体化治理，将原农业部的草原防火工作与原国家林业局的森林防火工作整合在一起，统一由国家林业和草原局负责。

在此之前，国务院分别发布了《森林防火条例》和《草原防火条例》；国务院批准、国务院办公厅印发了《国家森林火灾应急预案》，国务院批准、农业部印发了《全国草原火灾应急预案》。显然，在根据党的十九大精神进行政府机构改革后，亟须出台《国家森林草原火灾应急预案》，与政府机构改革后的工作职责相适应。

（2）森林草原防火工作职责的调整与优化

根据中央机构改革的有关决定，按照“警是警、政是政、企是企”的原则，2019 年 12 月 30 日，国家林业和草原局举行森林公安局转隶公安部交接仪式。森林公安整体划转到公安部实行统一领导管理，业务上接受林草部门的指导。按照中央要求和新修订的《中华人民共和国森林法》，森林公安职能保持不变，继续承担森林资源保护、森林草原防火等职责。

2019 年，国家林业和草原局增设了内设机构“森林草原防火司”，主要职责：

（一）按照全国综合防灾减灾规划相关要求，组织编制森林草原火灾防治规划、标准并指导实施。指导林草行业开展防火装备和基础设施建设工作。

（二）组织指导开展森林草原安全生产、防灾减灾、防火巡护、火源管理、早期火情处理、理论研究、统计分析、地方专业半专业防扑火队伍建设等工作并监督检查。指导开展防火表彰工作。

（三）组织指导国有林场林区和草原开展宣传教育、监测预警、督促检查等防火工作。

（四）承办国家林业和草原局交办的其他事项。

内设处室：综合管理处、行业管理处、督查指导处、宣传信息处、安全生产处（防灾减灾处）。

这些调整与优化，同样亟须在《国家森林火灾应急预案》和《全国草原火灾应急预案》基础上编修《国家森林草原火灾应急预案》。

（3）国家森林防火指挥部进行了调整

2018 年 9 月 25 日，国务院办公厅下发了《国务院办公厅关于调整成立国家森林草原防灭火指挥部的通知》，通知指出：根据机构设置、人员变动情况和工作需要，国务院决定，国家森林防火指挥部调整为国家森林草原防灭火指挥部（以下简称指挥部），对指挥部组成单位和人员进行相应调整。指挥部办公室设在应急管理部，承担指挥部日常工作。

2019 年 9 月 11 日，根据人员变动和工作需要，国家森林草原防灭火指挥部对组成单位和人员进行了第一次调整。

2021 年 6 月 5 日，根据人员变动和工作需要，国家森林草原防灭火指挥部对组成单位和人员进行了第二次调整。

1.2.2 《预案》编修是森林草原火灾防灭火工作的需要

森林草原火灾是一种突发性强、危害性极大的灾害，只有充分利用先进的现代科技手段，科学的管理手段，提高科技含量，才能更好地实现森林草原火灾的综合防御和控制能力，才能守得住“金山银山”，才能建设好“绿水青山”。

随着全球气候变化，世界范围内的森林草原防火形势更加严峻，我国的森林草原防火形势也不容乐观。据应急管理部统计，2019 年全国共发生森林火灾 2345 起，其中重大火灾 8 起、特大火灾 1 起；草原火灾 45 起，其中重大火灾 1 起、特大火灾 2 起。

特别是 2019 年 3 月 30 日发生在四川省凉山彝族自治州木里藏族自治县境内的森林火灾，带走了 31 名扑火英雄的生命。在此次扑火行动中，受风力风向突变影响，突发林火爆燃，瞬间形成巨大火球，在现场的扑火人员紧急避险，但还是夺走了 27 名森林消防指战员和 3 名地方扑火人员的生命，另有 1 名县林业局干部也在此次扑火行动中牺牲。事故发生后，在全民哀悼的同时，如何应对森林草原火灾成为舆论高度关注的焦点。

时隔一年后的 2020 年 3 月 30 日 16 时许，四川省凉山彝族自治州西昌市经久乡马鞍村又发生一起森林火灾，因瞬间风向突变、风力陡增，扑火人员避让不及，造成了参与火灾扑救的 19 人遇难。

这两起森林火灾发生在新旧体制交替期间，在血与火的考验过后，在舆论渐趋平缓之后，我们应该反思：在全球气候变化使得世界范围内的森林草原防火形势更加严峻的情况下，编修《国家森林草原火灾应急预案》已刻不容缓。

1.2.3 《预案》编修是为了与修订后的相关法律法规相适应

（1）《全国草原火灾应急预案》《国家森林火灾应急预案》编制依据不同

2010 年 11 月 1 日经国务院批准、由农业部印发的《全国草原火灾应急预案》的编制依据是《中华人民共和国草原法》《中华人民共和国突发事件应对法》《草原防火条例》《国家突发公共事件总体应急预案》。

2012 年 12 月 17 日经国务院批准、由国务院办公厅印发《国家森林火灾应急预案》的编制依据是《中华人民共和国森林法》《中华人民共和国突发事件应对法》《森林防火条例》《国家突发公共事件总体应急预案》等。

两个预案共同的编制依据是《中华人民共和国突发事件应对法》和《国家突发公共

事件总体应急预案》；不同的依据，一个是《中华人民共和国草原法》和《草原防火条例》，另一个则是《中华人民共和国森林法》和《森林防火条例》。在《中华人民共和国草原法》《草原防火条例》《中华人民共和国森林法》《森林防火条例》同时共存期间，编修《国家森林草原火灾应急预案》必须同时参照这 4 个法律法规。

（2）《全国草原火灾应急预案》发布后修订的编制依据

《全国草原火灾应急预案》中作为编制依据的《中华人民共和国草原法》是“1985 年 6 月 18 日第六届全国人民代表大会常务委员会第十一次会议通过，根据 2009 年 8 月 27 日第十一届全国人民代表大会常务委员会第十次会议《关于修改部分法律的决定》第一次修正。”

目前施行的《中华人民共和国草原法》则是“根据 2021 年 4 月 29 日第十三届全国人民代表大会常务委员会第二十八次会议《关于修改<中华人民共和国道路交通安全法>等八部法律的决定》第三次修正。”

（3）《国家森林火灾应急预案》发布后修订的编制依据

《中华人民共和国森林法》在《国家森林火灾应急预案》中作为编制依据的是“1984 年 9 月 20 日第六届全国人民代表大会常务委员会第七次会议通过。根据 1998 年 4 月 29 日第九届全国人民代表大会常务委员会第二次会议《关于修改<中华人民共和国森林法>的决定》第一次修正。根据 2009 年 8 月 27 日第十一届全国人民代表大会常务委员会第十次会议《关于修改部分法律的决定》第二次修正”。

而目前施行的是 2019 年 12 月 28 日第十三届全国人民代表大会常务委员会第十五次会议修订的《中华人民共和国森林法》。

显而易见，原《全国草原火灾应急预案》和原《国家森林火灾应急预案》需要进行整合与修订。亟须编修与目前施行的法律法规相适应的《国家森林草原火灾应急预案》。

第2章 《国家森林草原火灾应急预案》编修的主要内容

2020年11月23日，《国家森林草原火灾应急预案》（以下简称本《预案》）由国务院办公厅正式颁布，这是应急管理部组建后首个修订出台的国家突发事件总体应急预案的专项预案。

本《预案》将原《国家森林火灾应急预案》7个部分和《全国草原火灾应急预案》8个部分进行了有机整合，增加了主要任务、处置力量、火因火案查处、约谈整改、责任追究等章节，完善了组织指挥体系，优化了分级响应启动条件等，补充了信息报送、响应措施、火场紧急避险、转移安置人员、救治伤员和物资储备保障等内容。

2.1 《国家森林火灾应急预案》《全国草原火灾应急预案》简介

2.1.1 《国家森林火灾应急预案》简介

（1）总则：包括编制目的，编制依据，适用范围，工作原则，灾害分级。

（2）组织指挥体系：包括森林防火指挥机构，扑火指挥，专家组。

（3）预警和信息报告：包括预警（预警分级、预警发布、预警响应），信息报告。

（4）应急响应：包括分级响应，响应措施（扑救火灾、转移安置人员、救治伤员、善后处置、保护重要目标、维护社会治安、发布信息、火场清理、应急结束），国家层面应对工作（Ⅳ、Ⅲ、Ⅱ、Ⅰ级响应）。

（5）后期处置：包括火灾评估，工作总结，奖励与责任追究。

（6）综合保障：包括队伍保障，运输保障，航空消防飞机保障，通信与信息保障，物资保障，资金保障。

（7）附则：包括灾害分级标准，涉外森林火灾，以上、以内、以下的含义，预案管理与更新，预案解释，预案实施时间。

2.1.2 《全国草原火灾应急预案》简介

（1）总则：包括编制目的，编制依据，适用范围，工作原则（加强协调，分级负责；预防为主，快速反应；以人为本，科学扑救）。

（2）组织指挥体系及职责任务：包括国家应急组织机构与职责（指挥部人员组成及职责、综合组人员组成及职责、督导组人员组成及职责、后勤保障组人员组成及职责、专家咨询组人员组成及职责），地方应急组织机构与职责，组织体系框架描述。

（3）预警和预防机制：包括草原火情信息监测与报告，预警预防行动，预警支撑系统。

（4）应急响应：包括火灾响应级别（Ⅰ、Ⅱ、Ⅲ、Ⅳ级响应），响应程序及等级（Ⅰ、Ⅱ、Ⅲ、Ⅳ级响应），信息报送和处理，应急通信，前线指挥，安全防护，社会力量动员与参与，新闻发布，应急响应结束。

（5）后期处置：包括调查评估，善后处置。

（6）应急保障：包括物资保障，资金保障，技术保障，宣传、培训和演练。

（7）附则：包括预案管理，奖励与责任，预案解释（本预案由农业部负责解释、联系人），预案生效时间。

（8）附录：包括农业部草原火灾应急组织机构人员组成（指挥部人员组成、综合组人员组成、督导组人员组成、后勤保障组人员组成、专家咨询组人员组成），农业部草原防火指挥部成员单位职责，Ⅰ、Ⅱ级草原火灾应急响应启动及结束报签单，农业部草原火灾新闻发布报签单，农业部草原火灾通报报签单。

2.2 《国家森林草原火灾应急预案》增加的内容（章节）

2.2.1 增加了主要任务

本《预案》在第 2 章单独设置了“主要任务”，除组织灭火行动外，还突出了解救疏散人员、保护重要目标、转移重要物资、维护社会稳定等内容，使应急处置的主要任务更加具体。

2.2.2 增加了处置力量

本《预案》在第 4 章单独设置了“处置力量”。明确了力量编成和力量调动。

在力量使用上，界定了“扑救森林草原火灾以地方专业扑火队伍、应急航空救援队伍、国家综合性消防救援队伍等受过专业培训的扑火力量为主，解放军、武警部队支援力量为辅，社会救援力量为补充”的力量体系。

在力量调动上，本《预案》规定了调动的优先增援力量、地方专业防扑火队伍跨省（自治区、直辖市）调动、国家综合性消防救援队伍的调动程序、解放军和武警部队参与扑火时的调动请求，使森林草原火灾处置力量的调用更具精准性和快捷性。

2.2.3 增加了火因火案查处

本《预案》在第 8 章第 2 节单独增设了“火因火案查处”。查明起火原因不仅有利于人们了解林火发生发展的规律，以便提高防御森林火灾的能力，而且它还肩负着查明森林火灾事故的原因和性质，以便依法对森林火灾责任者或者犯罪分子处理或定案。

由于森林草原火灾发生的复杂性，查处森林草原火灾案件不仅需要公安专业知识，更需要公安干警掌握足够的森林草原火灾防控的专业知识。长期以来，一些森林火灾案件得不到查处，和既通晓森林草原火灾防控特别是火灾发生机理，又熟悉火案查处技能的专业人才匮乏是分不开的。本《预案》增加了火因火案查处，对公安机关提出了新要求。公安机关要配合有关部门做好森林草原火灾的调查工作，配合及时进行火场勘查、评估火灾损失、广泛发动群众提供线索、查明起火原因，对涉嫌犯罪的及时立案侦查，依法查处涉火案件，打击涉火违法犯罪行为，严惩火灾肇事者。

2.2.4 增加了约谈整改

本《预案》在第8章第3节单独增设了“约谈整改”，规定“对森林草原防灭火工作不力导致人为火灾多发频发的地区，省级人民政府及其有关部门应及时约谈县级以上地方人民政府及其有关部门主要负责人，要求其采取措施及时整改。必要时，国家森林草原防灭火指挥部及其成员单位按任务分工直接组织约谈。”

2.2.5 增加了责任追究

本《预案》第8章第4节强调“为严明工作纪律，切实压实压紧各级各方面责任，对森林草原火灾预防和扑救工作中责任不落实，发现隐患不作为、发生事故隐瞒不报、处置不得力等失职渎职行为，依据有关法律法规追究属地责任、部门监管责任、经营主体责任、火源管理责任和组织扑救责任。有关责任追究按照《中华人民共和国监察法》等法律法规规定的权限、程序实施”。增加的“责任追究”是为了推动地方各级人民政府和各有关部门切实担负起“保一方平安”的政治责任。

回顾机构改革以来一些省份连续发生的森林火灾，暴露出部分地区防灭火责任没有压实压细、工作存在盲区死角、火灾处置不够及时有效等诸多问题。为强化责任意识、严格失职追责，推动解决森林草原防火责任空转的问题，此次《预案》编修时，在后期处置中新增火因火案查处、约谈整改、责任追究，推动火灾应对工作从起始、事中到事后形成一个完整的责任链条。

2.3 《国家森林草原火灾应急预案》完善和优化的内容

2.3.1 将“编制目的”优化为“指导思想”

本《预案》将“编制目的”优化为“指导思想”，是此次编修最大的亮点。作为国家应急预案体系的重要组成部分，本《预案》坚持强化习近平新时代中国特色社会主义思想的指导地位，充分吸收了森林草原防灭火工作的新成果、新经验，及时借鉴了历史经验和新冠疫情防控工作的有关做法，回应了新形势下森林草原防灭火工作的重大关切，是安全高效处置森林草原火灾的基本遵循和行动指南，对健全我国森林草原火灾应对机制，规范响应处置流程，特别是有效应对突发重特大森林草原火灾，保障人民群众生命财产安全具有重要意义。

2.3.2 完善和优化了工作原则

本《预案》的工作原则：“森林草原火灾应对工作坚持统一领导、协调联动，分级负责、属地为主，以人为本、科学扑救，快速反应，安全高效的原则。实行地方各级人民政府行政首长负责制，森林草原火灾发生后，地方各级人民政府及其有关部门立即按照任务分工和相关预案开展处置工作。省级人民政府是应对本行政区域重大、特别重大森林草原火灾的主体，国家根据森林草原火灾应对工作需要，及时启动应急响应、组织应急救援。”

与《国家森林火灾应急预案》和《全国草原火灾应急预案》相比，本《预案》的工作原则把“军地联动”修改为“协调联动”，增加了“快速反应，安全高效”。

“协调联动”：遵循了“下级服从上级，专项服从总体，预案之间不得相互矛盾”的原则，与国家突发事件总体应急预案形成上下贯通、协同联动、有机衔接的整体。

“快速反应，安全高效”：森林草原火灾突发性强、破坏性大、处置救助十分困难，特别是火场环境瞬息万变、险象环生，扑救人员时刻面临血与火、生与死的严峻考验，这也是国际公认的世界性的高危高难行业。因此，在森林草原火灾处置行动上，准确把握最佳时机快速反应，灵活采取最佳手段，积极稳妥、科学高效扑救火灾，防止蛮干，确保各类人员安全。

2.3.3 完善了组织指挥体系

机构改革后，火源管理与基础建设、监测预警与初期处置、灭火指挥与力量协同等很多事权责任亟待由上至下逐级理顺，防火灭火、督查执法、建设标准等很多制度机制也需要协同多个部门整合规范。

此次编修，首次将公安部、应急管理部、国家林业和草原局、军委联合参谋部等作为国家森林草原防灭火指挥部的副总指挥单位写入本《预案》，并在本《预案》中对各个单位的任务分工进行明确；对森林草原火灾扑救工作的指挥权，以及同时发生三起以上或同一火场横跨两个行政区域的森林草原火灾，明确由上一级的森林草原防灭火指挥部负责指挥，特殊情况，由国家森林草原防灭火指挥部统一指挥；明确要求成立火场前线指挥部，建立火灾现场指挥机制；明确了国家综合性消防救援队伍内部实施垂直指挥；对解放军和武警部队参与森林草原火灾扑救和部队行动的指挥关系和指挥权限也做出了规定；进一步理顺了森林草原火灾防灭火的组织指挥体系。

2.3.4 扩大和细化了专家组的职责

本《预案》中专家组的职责：“各级森林（草原）防（灭）火指挥机构根据工作需要会同有关部门和单位建立本级专家组，对森林草原火灾预防、科学灭火组织指挥、力量调动使用、灭火措施、火灾调查评估规划等提出咨询意见。”

《国家森林火灾应急预案》和《全国草原火灾应急预案》中专家组的职责都是针对森林（草原）火灾中的应对工作提供政策、技术咨询与建议。本《预案》中专家组提出的咨询意见则扩大并细化到了灾前的预防、灾中的组织指挥和力量调动使用及灭火措施、灾后的调查评估规划等。更加体现了充分依靠专家，发挥专家的作用，为“科学扑救”提供了坚实的基础。

2.3.5 优化了国家层面分级响应启动条件

尽管在第 6 章应急响应的第 1 节分级响应中，已经明确了县级、设区的市级、省级的分级响应原则，但在森林草原火灾应急救援中，有些森林草原火灾危害极大，超越了省（自治区、直辖市）级应对的水平，需要从国家层面来组织应对措施。

为优化应急响应，本《预案》明确了国家层面以“同时发生 3 起以上危险性较大的森林草原火灾、过火面积、伤亡人数、舆情关注度、敏感时段和敏感地区、距国界或者实际控制线的距离、境外火、火灾发生地省级人民政府已经没有能力和条件有效控制”等指标为启动条件，使响应条件更加具体化，同时设置了分级响应、评估建议和审批环节，使响应启动更具科学性。

2.4 《国家森林草原火灾应急预案》补充的内容

2.4.1 对信息报送进行了补充

本《预案》规定："地方各级森林（草原）防（灭）火指挥机构按照'有火必报'原则，及时、准确、逐级、规范报告森林草原火灾信息。"补充了"有火必报"原则和"逐级"报告森林草原火灾信息。

2.4.2 对响应措施进行了补充

本《预案》"6.2 响应措施"的架构，主要是参照《国家森林火灾应急预案》"4.2 响应措施"进行编修的，以下与《国家森林火灾应急预案》比较，阐释本《预案》对响应措施进行了哪些补充。

（1）补充了响应措施实施前的研判

火灾发生后，要先研判气象、地形、环境等情况及是否威胁人员密集居住地和重要危险设施，科学组织扑救。

（2）扑救火灾中对扑救力量进行了调整和补充

本《预案》修订为："立即就地就近组织地方专业防扑火队伍、应急航空救援队伍、国家综合性消防救援队伍等力量参与扑救，力争将火灾扑灭在初起阶段。必要时，组织协调当地解放军和武警部队等救援力量参与扑救。"

（3）对救治伤员进行了补充

本《预案》修订为："组织医护人员和救护车辆在扑救现场待命，如有伤病人员迅速送医院治疗，必要时对重伤员实施异地救治。视情派出卫生应急队伍赶赴火灾发生地，成立临时医院或者医疗点，实施现场救治。"

补充的"组织医护人员和救护车辆在扑救现场待命"充分体现了"人民至上、生命至上"的理念，以及"以人为本、快速反应、安全高效"的原则。

（4）对保护重要目标进行了补充

本《预案》修订为："当军事设施、核设施、危险化学品生产储存设施设备、油气管道、铁路线路等重要目标物和公共卫生、社会安全等重大危险源受到火灾威胁时，迅速调集专业队伍，在专业人员指导并确保救援人员安全的前提下全力消除威胁，组织抢救、运送、转移重要物资，确保目标安全。"特别是补充的"在专业人员指导并确保救援人员安全的前提下"，应给予"肯定"。

（5）对发布信息进行了补充和完善

本《预案》修订为："通过授权发布、发新闻稿、接受记者采访、举行新闻发布会和通过专业网站、官方微博、微信公众号等多种方式、途径，及时、准确、客观、全面向社会发布森林草原火灾和应对工作信息，回应社会关切。加强舆论引导和自媒体管理，防止传播谣言和不实信息，及时辟谣澄清，以正视听。发布内容包括起火原因、起火时间、火灾地点、过火面积、损失情况、扑救过程和火案查处、责任追究情况等。”

（6）“火场清理”编修为“火场清理看守”

本《预案》修订为：“森林草原火灾明火扑灭后，继续组织扑火人员做好防止复燃和余火清理工作，划分责任区域，并留足人员看守火场。经检查验收，达到无火、无烟、无汽后，扑火人员方可撤离。原则上，参与扑救的国家综合性消防救援力量、跨省（自治区、直辖市）增援的地方专业防扑火力量不担负后续清理和看守火场任务。”对参与清理和看守火场任务的人员作出了补充说明。

2.4.3　国家层面应对工作进行了补充

本《预案》“6.3　国家层面应对工作”的架构，主要是参照《国家森林火灾应急预案》“4.3　国家层面应对工作”进行编修的，主要补充了以下内容：

①此节的概述中，在“国家层面应对工作设定Ⅳ级、Ⅲ级、Ⅱ级、Ⅰ级四个响应等级”之后，补充了“并通知相关省（自治区，直辖市）根据响应等级落实相应措施”。

②在Ⅳ级、Ⅲ级、Ⅱ级、Ⅰ级启动条件中，补充了森林火灾或草原火灾的过火面积作为启动条件。

③对Ⅳ级、Ⅲ级、Ⅱ级、Ⅰ级启动条件中死亡人数和重伤人数进行了补充和调整。

④Ⅳ级响应措施补充了：“根据需要提出就近调派应急航空救援飞机的建议；根据火场周边环境，提出保护重要目标物及重大危险源安全的建议；协调指导中央媒体做好报道”，将“根据需要协调相邻省份派出专业森林消防队进行支援”修改为“根据需要预告相邻省（自治区、直辖市）地方专业防扑火队伍、国家综合性消防救援队伍做好增援准备”。

⑤Ⅲ级响应措施补充了：“指导做好重要目标物和重大危险源的保护；视情及时组织新闻发布会，协调指导中央媒体做好报道。”

⑥Ⅱ级响应措施补充了：“协调调派解放军和武警部队跨区域参加火灾扑救工作；加强重要目标物和重大危险源的保护。”

⑦Ⅰ级响应措施首先补充了对森林草原防灭火指挥部各成员单位的要求：由《国家森林火灾应急预案》中的“国家森林防火指挥部设立火灾扑救、人员转移、应急保障、宣传报道、社会稳定等工作组，组织实施以下应急措施”，补充为“国家森林草原防灭火指挥部组织各成员单位依托应急部指挥中心全要素运行，由总指挥或者党中央、国务院指定的负责同志统一指挥调度；火场设国家森林草原防灭火指挥部火场前线指挥部，下设综合协调、抢险救援、医疗救治、火灾监测、通信保障、交通保障、社会治安、宣传报道等工作组；总指挥根据需要率工作组赴一线组织指挥火灾扑救工作，主要随行部门为副总指挥单位，其他随行部门根据火灾扑救需求确定。采取以下措施”；将《国家森林火灾应急预案》中的“指导火灾发生地省级人民政府或森林防火指挥机构制定森林火灾扑救方案”补充完善为“组织火灾发生地省（自治区、直辖市）党委和政府开展抢险救援救灾工作。”

⑧补充了“6.3.5　启动条件调整”：“根据森林草原火灾发生的地区、时间敏感程

度，受害森林草原资源损失程度，经济、社会影响程度，启动国家森林草原火灾应急响应的标准可酌情调整。”

⑨补充了“6.3.6　响应终止”：“森林草原火灾扑救工作结束后，由国家森林草原防灭火指挥部办公室提出建议，按启动响应的相应权限终止响应，并通知相关省（自治区、直辖市）。”

2.4.4　对物资储备保障进行了补充

本《预案》补充：“应急管理部、国家林草局会同国家发展改革委、财政部研究建立集中管理、统一调拨，平时服务、战时应急，采储结合、节约高效的应急物资保障体系。加强重点地区森林草原防灭火物资储备库建设，优化重要物资产能保障和区域布局，针对极端情况下可能出现的阶段性物资供应短缺，建立集中生产调度机制。科学调整中央储备规模结构，合理确定灭火、防护、侦（查）通信、野外生存和大型机械等常规储备规模，适当增加高技术灭火装备、特种装备器材储备。地方森林（草原）防（灭）火指挥机构根据本地森林草原防灭火工作需要，建立本级森林草原防灭火物资储备库，储备所需的扑火机具，装备和物资。”

2.4.5　对预案管理与更新进行了补充

本《预案》补充：“县级以上地方人民政府应急管理部门结合当地实际编制森林草原火灾应急预案，报本级人民政府批准，并报上一级人民政府应急管理部门备案，形成上下衔接、横向协同的预案体系。”

2.5　《国家森林草原火灾应急预案》的附件

把“国家森林草原防灭火指挥部火场前线指挥部组成及任务分工”列为附件，明确了火场前线指挥部下设各工作组的牵头单位、组成单位和部门、各自的主要职责。

国家森林草原防灭火指挥部火场前线指挥部下设 11 个工作组，分别是：综合协调组、抢险救援组、医疗救治组、火灾监测组、通信保障组、交通保障组、军队工作组、专家支持组、灾情评估组、群众生活组、社会治安组、宣传报道组。

涉及的单位和部门有：应急管理部、外交部、国家发展改革委、公安部、工业和信息化部、交通运输部、中国国家铁路集团有限公司、国家林业和草原局、中国气象局、中国民航局、中央军委联合参谋部、国家卫生健康委员会、中央军委后勤保障部、民政部、财政部、住房和城乡建设部、商务部、国家粮食和储备局、中国红十字会总会、中央宣传部、国家广播电视总局、国务院新闻办公室 22 个单位和部门。

第3章 《国家森林草原火灾应急预案》条目解读

本《预案》共分为9章，分别为：总则、主要任务、组织指挥体系、处置力量、预警和信息报告、应急响应、综合保障、后期处置、附则。“国家森林草原防灭火指挥部火场前线指挥部组成及任务分工”作为附件。

2019年8月初，由应急管理部牵头，会同公安部、国家林业和草原局和中央军委联合参谋部并邀请有关专家组成本《预案》起草组，把握与时俱进、压实责任、安全第一、务实管用的原则，按照专题调研论证、集中组织起草、广泛征求意见、组织专项评审、严格审核报批5个步骤稳步推进。

此次《预案》编修总体遵循了“下级服从上级，专项、部门服从总体，预案之间不得相互矛盾”的原则，与国家突发事件总体应急预案形成上下贯通、协同联动、有机衔接的整体。与《国家森林火灾应急预案》和《全国草原火灾应急预案》相比，本《预案》编修时坚持聚焦我国森林草原防灭火工作存在的突出问题、短板，具有很强的政策性、指导性和可操作性。

下文为《国家森林草原火灾应急预案》原文及条目解读。

《国家森林草原火灾应急预案》

（2020年10月26日）

1 总则

1.1 指导思想

“以习近平新时代中国特色社会主义思想为指导，深入贯彻落实习近平总书记关于防灾减灾救灾的重要论述和关于全面做好森林草原防灭火工作的重要指示精神，按照党中央、国务院决策部署，坚持人民至上、生命至上，进一步完善体制机制，依法有力有序有效处置森林草原火灾，最大程度减少人员伤亡和财产损失，保护森林草原资源，维护生态安全。”

【解读】明晰了编制《国家森林草原火灾应急预案》的指导思想。坚持强化习近平新时代中国特色社会主义思想的指导地位，明确要牢固树立“人民至上、生命至上”的理念。同时，也表明了《国家森林草原火灾应急预案》的功能。

1.2 编制依据

“《中华人民共和国森林法》《中华人民共和国草原法》《中华人民共和国突发事件应

对法》《森林防火条例》《草原防火条例》和《国家突发公共事件总体应急预案》等。”

【解读】规定了《国家森林草原火灾应急预案》的编制依据。国务院机构改革后，《中华人民共和国森林法》《中华人民共和国草原法》和《森林防火条例》《草原防火条例》同时在实施中，理应将它们列入编制依据。

1.3 适用范围

“本预案适用于我国境内发生的森林草原火灾应对工作。”

【解读】规定了《国家森林草原火灾应急预案》的适用范围。

值得注意的是：《森林防火条例》(《草原防火条例》)的适用范围“第二条　本条例适用于中华人民共和国境内森林（草原）火灾的预防和扑救。但是，城市市区的除外。”二者与本《预案》的规定是不一致的。换言之，本预案也适用于城市市区的森林草原火灾应对工作。

1.4 工作原则

“森林草原火灾应对工作坚持统一领导、协调联动，分级负责、属地为主，以人为本、科学扑救，快速反应、安全高效的原则。实行地方各级人民政府行政首长负责制，森林草原火灾发生后，地方各级人民政府及其有关部门立即按照任务分工和相关预案开展处置工作。省级人民政府是应对本行政区域重大、特别重大森林草原火灾的主体，国家根据森林草原火灾应对工作需要，及时启动应急响应、组织应急救援。”

【解读】规定了森林草原火灾应对工作坚持统一领导、协调联动，分级负责、属地为主，以人为本、科学扑救，快速反应、安全高效的原则。明确了地方各级人民政府行政首长负责制，明确了地方各级人民政府是森林草原火灾应对的主体。特别突出了省级人民政府是应对本行政区域重大、特别重大森林草原火灾的主体。

1.5 灾害分级

“按照受害森林草原面积、伤亡人数和直接经济损失，森林草原火灾分为一般森林草原火灾、较大森林草原火灾、重大森林草原火灾和特别重大森林草原火灾四个等级，具体分级标准按照有关法律法规执行。”

【解读】灾害分级依据的是《森林防火条例》和《草原防火条例》。

《森林防火条例》对森林火灾的分级是：

（1）一般森林火灾：受害森林面积在1公顷以下或者其他林地起火的，或者死亡1人以上3人以下的，或者重伤1人以上10人以下的；

（2）较大森林火灾：受害森林面积在1公顷以上100公顷以下的，或者死亡3人以上10人以下的，或者重伤10人以上50人以下的；

（3）重大森林火灾：受害森林面积在100公顷以上1000公顷以下的，或者死亡10人以上30人以下的，或者重伤50人以上100人以下的；

（4）特别重大森林火灾：受害森林面积在1000公顷以上的，或者死亡30人以上的，或者重伤100人以上的。

《草原防火条例》将草原火灾分为特别重大、重大、较大、一般4个等级。具体划分标准由国务院草原行政主管部门制定。根据“农业部关于印发《草原火灾级别划分规定》的通知”对草原火灾的分级是：

（1）特别重大（Ⅰ级）草原火灾，符合下列条件之一：受害草原面积8000公顷以上的；造成死亡10人以上，或造成死亡和重伤合计20人以上的；直接经济损失500万元以上的；

（2）重大（Ⅱ级）草原火灾，符合下列条件之一：受害草原面积5000公顷以上8000公顷以下的；造成死亡3人以上10人以下，或造成死亡和重伤合计10人以上20人以下的；直接经济损失300万元以上500万元以下的；

（3）较大（Ⅲ级）草原火灾，符合下列条件之一：受害草原面积1000公顷以上5000公顷以下的；造成死亡3人以下，或造成重伤3人以上10人以下的；直接经济损失50万元以上300万元以下的；

（4）一般（Ⅳ级）草原火灾，符合下列条件之一：受害草原面积10公顷以上1000公顷以下的；造成重伤1人以上3人以下的；直接经济损失5000元以上50万元以下的。

目前，《森林防火条例》和《草原防火条例》并存，确定森林草原火灾等级应对照上述两类分级标准，当等级不一致时，采用“就高”的原则确定其等级。

2 主要任务

2.1 组织灭火行动

“科学运用各种手段扑打明火、开挖（设置）防火隔离带、清理火线、看守火场，严防次生灾害发生。”

【解读】组织灭火行动是首要的任务，关键是要在森林草原火灾扑救的全过程中科学运用各种手段，并严防次生灾害发生，特别是要防止因不当的扑救措施所导致的。

2.2 解救疏散人员

“组织解救、转移、疏散受威胁群众并及时妥善安置和开展必要的医疗救治。”

【解读】把解救疏散人员列为主要任务，充分体现“人民至上、生命至上”。森林草原火灾应对工作中，不仅要确保参与救援工作各类人员的安全，也要保护森林草原火灾发生地受威胁群众的安全。

2.3 保护重要目标

“保护民生和重要军事目标并确保重大危险源安全。”

【解读】保护民生和重要军事目标并确保重大危险源安全的意义非常重大，不仅将保护重要目标列为主要任务的条目，而且在“响应措施”中对此又进一步明确了如何去做。由此可见保护重要目标的重要性。

2.4 转移重要物资

“组织抢救、运送、转移重要物资。”

【解读】本《预案》指导思想的落脚点就是“最大程度减少人员伤亡和财产损失，保护森林草原资源，维护生态安全”。由此，转移重要物资理应成为主要任务之一。

2.5 维护社会稳定

“加强火灾发生地区及周边社会治安和公共安全工作，严密防范各类违法犯罪行为，加强重点目标守卫和治安巡逻，维护火灾发生地区及周边社会秩序稳定。”

【解读】明确了维护社会稳定这一主要任务，在“响应措施”中对此又进一步明确了如何去做。

3 组织指挥体系

3.1 森林草原防灭火指挥机构

“国家森林草原防灭火指挥部负责组织、协调和指导全国森林草原防灭火工作。国家森林草原防灭火指挥部总指挥由国务院领导同志担任，副总指挥由国务院副秘书长和公安部、应急部、国家林草局、中央军委联合参谋部负责同志担任。指挥部办公室设在应急部，由应急部、公安部、国家林草局共同派员组成，承担指挥部的日常工作。必要时，国家林草局可以按程序提请以国家森林草原防灭火指挥部名义部署相关防火工作。”

县级以上地方人民政府按照“上下基本对应”的要求，设立森林（草原）防（灭）火指挥机构，负责组织、协调和指导本行政区域（辖区）森林草原防灭火工作。

【解读】第一，明确了国家森林草原防灭火指挥部负责组织、协调和指导全国森林草原防灭火工作，并不仅仅是森林草原火灾的应对工作。第二，规定了国家森林草原防灭火指挥部总指挥和副总指挥的组成（单位和部门、人员）。第三，指挥部办公室设在应急管理部，是由应急管理部、公安部、国家林业和草原局共同派员组成的一个工作机构，代表政府承担国家森林草原防灭火指挥部的日常工作。第四，必要时，国家林业和草原局可以以国家森林草原防灭火指挥部名义部署相关防火工作，但必须按程序提请指挥部批准。第五，对县级以上地方人民政府设立森林（草原）防（灭）火指挥机构及其职责提出了按照“上下基本对应”的要求。

值得注意的是，县级以上地方人民政府设立的森林（草原）防（灭）火指挥机构，不是森林草原防灭火的主体，也不是森林草原火灾应对的主体，只是代表本级人民政府负责组织、协调和指导本行政区域（辖区）森林草原防灭火工作。森林草原防火工作和森林草原火灾应对工作的主体是本级人民政府。

3.2 指挥单位任务分工

“**公安部**负责依法指导公安机关开展火案侦破工作，协同有关部门开展违规用火处罚工作，组织对森林草原火灾可能造成的重大社会治安和稳定问题进行预判，并指导公安机关协同有关部门做好防范处置工作；森林公安任务分工‘一条不增、一条不减’，原职能保持不变、业务上接受林草部门指导。**应急管理部**协助党中央、国务院组织特别重大森林草原火灾应急处置工作；按照分级负责原则，负责综合指导各地区和相关部门的森林草原火灾防控工作，开展森林草原火灾综合监测预警工作、组织指导协调森林草原火灾的扑救及应急救援工作。**国家林业和草原局**履行森林草原防火工作行业管理责任，具体负责森林草原火灾预防相关工作，指导开展防火巡护、火源管理、日常检查、宣传教育、防火设施建设等，同时负责森林草原火情早期处理相关工作。**中央军委联合参谋部**负责保障军委联合作战指挥中心对解放军和武警部队参加森林草原火灾抢险行动实施统一指挥，牵头组织指导相关部队抓好遂行森林草原火灾抢险任务准备，协调办理兵力调动及使用军用航空器相关事宜，协调做好应急救援航空器飞行管制和使用军用机场时的地面勤务保障工作。**国家森林草原防灭火指挥部办公室**发挥牵头抓总作用，强化部门联动，做到高效协同，增强工作合力。国家森林草原防灭火指挥部其他成员单位承担的具体防灭火任务按《深化党和国家机构改革方案》、‘三定’规定和《国家森林草原防灭火指挥部工作规则》执行。”

【解读】重点界定了应急管理部、国家林业和草原局和公安部的责任边界；明确了中央军委联合参谋部参加森林草原火灾抢险行动的任务分工；明确了国家森林草原防灭火指挥部办公室的牵头抓总作用；明确了国家森林草原防灭火指挥部其他成员单位承担的具体防灭火任务按《深化党和国家机构改革方案》、“三定”规定和《国家森林草原防灭火指挥部工作规则》执行。

特别值得注意的是，森林公安任务分工“一条不增、一条不减”，原职能保持不变、业务上接受林草部门指导。这是因为森林公安是在国务院办公厅印发了《国家林业和草原局职能配置、内设机构和人员编制规定》（2018年7月30日），即“三定”之后，于2019年12月30日才归建到公安部。这里的“一条不增、一条不减”就是指《国家林业和草原局职能配置、内设机构和人员编制规定》关于森林公安的职能配置。

3.3 扑救指挥

“森林草原火灾扑救工作由当地森林（草原）防（灭）火指挥机构负责指挥。同时发生3起以上或者同一火场跨两个行政区域的森林草原火灾，由上一级森林（草原）防（灭）火指挥机构指挥。跨省（自治区、直辖市）界且预判为一般森林草原火灾，由当地县级森林（草原）防（灭）火指挥机构分别指挥；跨省（自治区、直辖市）界且预判为较大森林草原火灾，由当地设区的市级森林（草原）防（灭）火指挥机构分别指挥；跨省（自治区、直辖市）界且预判为重大、特别重大森林草原火灾，由省级森林（草原）防（灭）火指挥机构分别指挥，国家森林草原防灭火指挥部负责协调、指导。特殊情况，由国家森林草原防灭火指挥部统一指挥。”

“地方森林（草原）防（灭）火指挥机构根据需要，在森林草原火灾现场成立火场前线指挥部，规范现场指挥机制，由地方行政首长担任总指挥，合理配置工作组，重视发挥专家作用；有国家综合性消防救援队伍参与灭火的，最高指挥员进入火场前线指挥部，参与决策和现场组织指挥，发挥专业作用；根据任务变化和救援力量规模，相应提高指挥等级。参加前方扑火的单位和个人要服从火场前线指挥部的统一指挥。”

“地方专业防扑火队伍、国家综合性消防救援队伍执行森林草原火灾扑救任务，接受火灾发生地县级以上地方人民政府森林（草原）防（灭）火指挥机构的指挥；执行跨省（自治区、直辖市）界森林草原火灾扑救任务的，由火场前线指挥部统一指挥；或者根据国家森林草原防灭火指挥部明确的指挥关系执行。国家综合性消防救援队伍内部实施垂直指挥。”

“解放军和武警部队遂行森林草原火灾扑救任务，对应接受国家和地方各级森林（草原）防（灭）火指挥机构统一领导，部队行动按照军队指挥关系和指挥权限组织实施。”

【解读】第一自然段体现的是“坚持统一领导、协调联动，分级负责、属地为主”的森林草原火灾应对工作原则：第一句，体现的是“统一领导、属地为主”；第二句，体现的是（由上一级指挥机构）“统一领导、协调联动”；第三句，体现的是（在预判森林草原火灾类型的基础上）“坚持统一领导、分级负责、属地为主”，国家森林草原防灭火指挥部负责协调、指导；第四句，体现的是“坚持统一领导、协调联动”。

第二自然段规定了火场前线指挥部的人员配置和指挥权限。

第三自然段规定了地方专业防扑火队伍、国家综合性消防救援队伍在本地（驻地）和跨省（自治区、直辖市）界执行森林草原火灾扑救任务时，由谁指挥的问题。同时，规定了国家综合性消防救援队伍内部实施垂直指挥。也就是说，国家综合性消防救援队伍执行森林草原火灾扑救任务时，是整建制地领受任务。

第四自然段规定了解放军和武警部队执行森林草原火灾扑救任务时接受谁的“统一领导”，同时规定了“部队行动按照军队指挥关系和指挥权限组织实施”。

3.4 专家组

“各级森林（草原）防（火）火指挥机构根据工作需要会同有关部门和单位建立本级专家组，对森林草原火灾预防、科学灭火组织指挥、力量调动使用、灭火措施、火灾调查评估规划等提出咨询意见。”

【解读】专家组提出的咨询意见并不仅仅针对森林草原火灾应对工作，而是扩大并细化到了灾前的预防、灾中的组织指挥和力量调动使用及灭火措施、灾后的调查评估规划等森林草原防灭火工作的全过程。更加体现了充分依靠专家，发挥专家的作用，为“科学扑救”提供了坚实的基础。

4 处置力量

4.1 力量编成

“扑救森林草原火灾以地方专业防扑火队伍、应急航空救援队伍、国家综合性消防救援队伍等受过专业培训的扑火力量为主，解放军和武警部队支援力量为辅，社会救援力量为补充。必要时可动员当地林区职工、机关干部及当地群众等力量协助做好扑救工作。”

【解读】规定了扑火的主要力量，辅助力量和必要时可以动员的协助力量。体现了现阶段我国森林草原火灾扑救工作采取“以专业队伍为主，非专业队伍为辅”的扑火战略。

4.2 力量调动

“根据森林草原火灾应对需要，应首先调动属地扑火力量，邻近力量作为增援力量。”

“跨省（自治区、直辖市）调动地方专业防扑火队伍增援扑火时，由国家森林草原防灭火指挥部统筹协调，由调出省（自治区、直辖市）森林（草原）防（灭）火指挥机构组织实施，调入省（自治区、直辖市）负责对接及相关保障。”

“跨省（自治区、直辖市）调动国家综合性消防救援队伍增援扑火时，由火灾发生地省级人民政府或者应急管理部门向应急部提出申请，按有关规定和权限逐级报批。”

“需要解放军和武警部队参与扑火时，由国家森林草原防灭火指挥部向中央军委联合参谋部提出用兵需求，或者由省级森林（草原）防（灭）火指挥机构向所在战区提出用兵需求。”

【解读】第一自然段，规定了森林草原火灾应对优先调动的扑火力量和增援力量。

第二、第三自然段规定了地方专业防扑火队伍、国家综合性消防救援队伍增援扑火时的调动。

第四自然段则是请求解放军和武警部队参与扑火程序。

5 预警和信息报告

5.1 预警

【解读】是把森林草原火灾应对工作前置的重大举措。

5.1.1 预警分级

“根据森林草原火险指标、火行为特征和可能造成的危害程度，将森林草原火险预警级别划分为四个等级，由高到低依次用红色、橙色、黄色和蓝色表示，具体分级标准按照有关规定执行。”

【解读】规范了森林草原火险预警，分级标准根据森林草原火险指标、火行为特征和可能造成的危害程度指标等划分的森林草原火险等级标准或规范执行。

5.1.2 预警发布

“由应急管理部门组织，各级林草、公安和气象主管部门加强会商，联合制作森林草原火险预警信息，并通过预警信息发布平台和广播、电视、报刊、网络、微信公众号以及应急广播等方式向涉险区域相关部门和社会公众发布。国家森林草原防灭火指挥部办公室适时向省级森林（草原）防（灭）火指挥机构发送预警信息，提出工作要求。”

【解读】森林草原火险预警信息，由应急管理部门组织各级林草、公安和气象主管部门会商，共同确定。并通过（正式的）多渠道向涉险区域相关部门和公众发布，树立全民防火的意识。国家森林草原防灭火指挥部办公室适时向省级森林（草原）防（灭）火指挥机构发送（所辖区域）预警信息，提出工作要求。

5.1.3 预警响应

“当发布蓝色、黄色预警信息后，预警地区县级以上地方人民政府及其有关部门密切关注天气情况和森林草原火险预警变化，加强森林草原防火巡护、卫星林火监测和瞭望监测，做好预警信息发布和森林草原防火宣传工作，加强火源管理，落实防火装备、物资等各项扑火准备，当地各级各类森林消防队伍进入待命状态。”

“当发布橙色、红色预警信息后，预警地区县级以上地方人民政府及其有关部门在蓝色、黄色预警响应措施的基础上，进一步加强野外火源管理，开展森林草原防火检查，加大预警信息播报频次，做好物资调拨准备，地方专业防扑火队伍、国家综合性消防救援队伍视情对力量部署进行调整，靠前驻防。”

“各级森林（草原）防（灭）火指挥机构视情对预警地区森林草原防灭火工作进行督促和指导。”

【解读】根据红色、橙色、黄色和蓝色四个森林草原火险预警级别，分级响应，落实防火装备、物资等各项扑火准备，队伍进入待命状态，做到有备无患。同时，各级森林（草原）防（灭）火指挥机构视预警级别对预警地区森林草原防灭火工作进行督促和指导。

5.2 信息报告

“地方各级森林（草原）防（灭）火指挥机构按照‘有火必报’原则，及时、准确、逐级、规范报告森林草原火灾信息。以下森林草原火灾信息由国家森林草原防灭火指挥部办公室向国务院报告：

（1）重大、特别重大森林草原火灾；

（2）造成 3 人以上死亡或者 10 人以上重伤的森林草原火灾；

（3）威胁居民区或者重要设施的森林草原火灾；

（4）火场距国界或者实际控制线 5 公里以内，并对我国或者邻国森林草原资源构成威胁的森林草原火灾；

（5）经研判需要报告的其他重要森林草原火灾。”

【解读】地方各级森林草原防灭火指挥机构要及时、准确、逐级、规范报告森林草原火灾信息。“有火必报”，杜绝瞒报、漏报、多报、少报等现象发生，应严格按照国家森林草原防火指挥部办公室规定的格式规范报告。特别是这里所列的 5 种森林草原火灾，地方各级森林草原防灭火指挥机构要及时、准确、逐级、规范报告给国家森林草原防灭火指挥部，国家森林草原防灭火指挥部报国务院。

6 应急响应

6.1 分级响应

“根据森林草原火灾初判级别、应急处置能力和预期影响后果，综合研判确定本级响应级别。按照分级响应的原则，及时调整本级扑火组织指挥机构和力量。火情发生后，按任务分工组织进行早期处置；预判可能发生一般、较大森林草原火灾，由县级森林（草原）防（灭）火指挥机构为主组织处置；预判可能发生重大、特别重大森林草原火灾，分别由设区的市级、省级森林（草原）防（灭）火指挥机构为主组织处置；必要时，应及时提高响应级别。”

【解读】森林草原火灾应急响应采用分级响应，并明确了各级响应的指挥权：预判可能发生一般、较大森林草原火灾，由县级森林（草原）防（灭）火指挥机构为主组织处置；预判可能发生重大、特别重大森林草原火灾，分别由设区的市级、省级森林（草原）防（灭）火指挥机构为主组织处置；必要时，应及时提高响应级别（国家层面应对工作详见“6.3”）。

分级响应的关键在于对森林草原火灾的初判级别、本级的应急处置能力和预估的影响后果，特别是森林草原火灾的初判级别直接影响到分级响应是否恰当。

应该注意的是：森林草原火灾应对的主体是地方各级人民政府，森林草原火灾扑救的指挥权是县级以上森林（草原）防（灭）火指挥机构。

6.2 响应措施

“火灾发生后，要先研判气象、地形、环境等情况及是否威胁人员密集居住地和重要危险设施，科学组织扑救。”

【解读】在采取响应措施之前，要先研判气象、地形、环境等情况及是否威胁人员密集居住地和重要危险设施，科学组织扑救。

6.2.1 扑救火灾

“立即就地就近组织地方专业防扑火队伍、应急航空救援队伍、国家综合性消防救援队伍等力量参与扑救，力争将火灾扑灭在初起阶段。必要时，组织协调当地解放军和武警部队等救援力量参与扑救。”

“各扑火力量在火场前线指挥部的统一调度指挥下，明确任务分工，落实扑救责任，科学组织扑救，在确保扑火人员安全情况下，迅速有序开展扑救工作，严防各类次生灾害发生。现场指挥员要认真分析地理环境、气象条件和火场态势，在扑火队伍行进、宿营地选择和扑火作业时，加强火场管理，时刻注意观察天气和火势变化，提前预设紧急避险措施，确保各类扑火人员安全，不得动员残疾人，孕妇和未成年人以及其他不适宜参加森林草原火灾扑救的人员参加扑救工作。”

【解读】“立即就地就近组织地方专业防扑火队伍、应急航空救援队伍、国家综合性消防救援队伍等力量参与扑救，力争将火灾扑灭在初起阶段。”做好森林草原火险预警，切实落实森林草原火险预警的分级响应是将火灾扑灭在初起阶段的关键。“必要时，组织协调当地解放军和武警部队等救援力量参与扑救。”扑救森林火灾要以专业防扑火队伍为主，不到万不得已不要调用非专业力量，要避免“人海战术”。

“各扑火力量在火场前线指挥部的统一调度指挥下，明确任务分工，落实扑救责任，科学组织扑救，在确保扑火人员安全情况下，迅速有序开展扑救工作，严防各类次生灾害发生。”是贯彻落实“统一领导、协调联动，分级负责、属地为主，以人为本、科学扑救，快速反应、安全高效的原则”的具体体现。

“现场指挥员要认真分析地理环境、气象条件和火场态势，在扑火队伍行进、宿营地选择和扑火作业时，加强火场管理，时刻注意观察天气和火势变化，提前预设紧急避险措施，确保各类扑火人员安全，不得动员残疾人、孕妇和未成年人以及其他不适宜参加森林草原火灾扑救的人员参加扑救工作。”是坚持“人民至上、生命至上”的具体体现；是贯彻落实“以人为本、科学扑救，安全高效”的原则的具体体现。

特别注意的是，要深刻理解“其他不适宜参加森林草原火灾扑救的人员”，不要让这句话成了“空头支票”。不同条件下，不适宜参加森林草原火灾扑救的人员是有所不同的。例如，刚刚参加专业防扑火队伍，还没有来得及学习森林草原火灾扑救理论知识和实践知识的人员；经过长途奔袭，疲惫不堪且对火场基本情况不了解的人员；在火场连续奋战没有得到很好轮换休息，体力明显透支的人员；有某些基础病、慢性病，不适合在森林草原火灾现场环境作业的人员；自由散漫，不听从指挥的人员等，都是“其他不适宜参加森林草原火灾扑救的人员”，这里不再列举。

6.2.2 转移安置人员

“当居民点、农牧点等人员密集区受到森林草原火灾威胁时，及时采取有效阻火措施，按照紧急疏散方案，有组织、有秩序地及时疏散居民和受威胁人员，确保人民群众生命安全。妥善做好转移群众安置工作，确保群众有住处、有饭吃、有水喝、有衣穿、有必要的医疗救治条件。”

【解读】“解救疏散人员”是森林草原火灾应对的主要任务之一，各地贯彻落实本《预案》或者编制本级《森林草原火灾应急预案》的同时，要配套出台分级响应的《紧急疏散方案》。

“按照紧急疏散方案，有组织、有秩序地及时疏散居民和受威胁人员，确保人民群众生命安全。”不仅有利于更好、更快地控制森林草原火灾，提高森林草原火灾应对的成效，而且能够避免其他突发事件的发生，保障人民群众的基本生活需要，最大限度地减轻森林草原火灾的损失和影响。

6.2.3 救治伤员

“组织医护人员和救护车辆在扑救现场待命，如有伤病员迅速送医院治疗，必要时对重伤员实施异地救治。视情派出卫生应急队伍赶赴火灾发生地，成立临时医院或者医疗点，实施现场救治。”

【解读】“组织医护人员和救护车辆在扑救现场待命，”不要等到有伤病员出现了才组织救治。“如有伤病员迅速送医院治疗，必要时对重伤员实施异地救治”不仅表明党和政府对森林草原火灾扑救人员的关怀，而且明确这是森林草原火灾应对过程的重要环节之一，是卫生医疗协作部门的职责。“视情派出卫生应急队伍赶赴火灾发生地，成立临时医院或医疗点，实施现场救治”规定了森林草原火灾应对救治伤员方面的协作问题。

6.2.4 保护重要目标

“当军事设施、核设施、危险化学品生产储存设施设备、油气管道、铁路线路等重要目标物和公共卫生、社会安全等重大危险源受到火灾威胁时，迅速调集专业队伍，在专业人员指导并确保救援人员安全的前提下全力消除威胁，组织抢救、运送、转移重要物资，确保目标安全。”

【解读】保护重要目标的意义非常重大，不注重保护重要目标，不仅森林草原火灾应对的成效将会前功尽弃，而且必将引发新的突发事件，后果将会更加严重，将给国家和人民的生命财产安全带来更大威胁。

6.2.5 维护社会治安

“加强火灾受影响区域社会治安、道路交通等管理，严厉打击盗窃、抢劫、哄抢救灾物资、传播谣言、堵塞交通等违法犯罪行为。在金融单位、储备仓库等重要场所加强治安巡逻，维护社会稳定。”

【解读】维护社会治安与保护重要目标同等重要，特别是“借机盗窃、抢劫、哄抢救灾物资、传播谣言”等行为，其性质已经构成了犯罪。

6.2.6 发布信息

“通过授权发布、发新闻稿、接受记者采访、举行新闻发布会和通过专业网站、官方微博、微信公众号等多种方式、途径，及时、准确、客观、全面向社会发布森林草原火灾和应对工作信息，回应社会关切。加强舆论引导和自媒体管理，防止传播谣言和不实信息，及时辟谣澄清，以正视听。发布内容包括起火原因、起火时间、火灾地点、过火面积、损失情况、扑救过程和火案查处、责任追究情况等。”

【解读】要特别注意通过授权发布、发新闻稿、接受记者采访、举行新闻发布会和通过专业网站、官方微博、微信公众号等多种方式、途径，及时、准确、客观、全面向社会发布森林草原火灾和应对工作信息，回应社会关切。“只有通过授权发布的森林火灾和应对信息才是准确、客观、全面、可信的，任何非授权发布的森林草原火灾和应对信息都是不可采信的。要加强舆论引导和自媒体管理，防止传播谣言和不实信息，及时辟谣澄清，以正视听。”

6.2.7 火场清理看守

“森林草原火灾明火扑灭后，继续组织扑火人员做好防止复燃和余火清理工作，划分责任区域，并留足人员看守火场。经检查验收，达到无火、无烟、无汽后，扑火人员方可撤离。原则上，参与扑救的国家综合性消防救援力量、跨省（自治区、直辖市）增援的地方专业防扑火力量不担负后续清理和看守火场任务。”

【解读】火场清理和看守是森林草原火灾应对工作的一个重要环节，看守火场与火场清理同等重要，只有达到“无火、无烟、无汽”三无后，扑火人员方可撤离。“原则上，参与扑救的国家综合性消防救援力量、跨省（自治区、直辖市）增援的地方专业防扑火力量不担负后续清理和看守火场任务。”实战中，不应机械地执行这一规定，应结合森林草原火场的实际情况执行。

6.2.8 应急结束

“在森林草原火灾全部扑灭、火场清理验收合格、次生灾害后果基本消除后，由启动应急响应的机构决定终止应急响应。”

【解读】回答了应急响应何时结束，由谁决定应急响应结束的问题。森林草原火灾扑救实践中，火场清理看守走过场的现象时有发生。各地一定要严格火场清理验收标准，看守火场不能从字面上理解，要在火烧迹地内不断“巡查”，并及时采取必要的措施消除次生灾害的隐患。至此，才能决定终止应急响应。

6.2.9 善后处置

“做好遇难人员的善后工作，抚慰遇难者家属。对因扑救森林草原火灾负伤、致残或者死亡的人员，当地政府或者有关部门按照国家有关规定给予医疗、抚恤、褒扬。”

【解读】善后处置是森林草原火灾应对工作的延续，并不是森林草原火灾扑灭了，森林草原火灾应对就结束了。作为森林草原火灾应对主体的地方各级人民政府应特别注意这一点。

6.3 国家层面应对工作

“森林草原火灾发生后，根据火灾严重程度、火场发展态势和当地扑救情况，国家层面应对工作设定Ⅳ级、Ⅲ级、Ⅱ级、Ⅰ级四个响应等级，并通知相关省（自治区，直辖市）根据响应等级落实相应措施。”

【解读】国家层面森林草原火灾应对工作设定的4个响应等级，不要和森林草原火险预警的4个等级相混淆，更不要与森林火灾的4个等级、草原火灾的4个等级相混淆。它是森林草原火灾发生后，根据火灾严重程度、火场发展态势和当地扑救情况，国家层面设定的应对工作的响应等级。在确定4个响应等级的启动条件时，可能会用到划分森林火灾、草原火灾等级的指标，但这些指标只是各响应等级的部分启动条件。

这4个响应等级的启动条件是不一样的，各级响应措施也是不一样的。

6.3.1 Ⅳ级响应

6.3.1.1 启动条件

“（1）过火面积超过500公顷的森林火灾或者过火面积超过5000公顷的草原火灾；

（2）造成1人以上3人以下死亡或者1人以上10人以下重伤的森林草原火灾；

（3）舆情高度关注，中共中央办公厅、国务院办公厅要求核查的森林草原火灾；

（4）发生在敏感时段、敏感地区，24小时尚未得到有效控制、发展态势持续蔓延扩大的森林草原火灾；

（5）发生距国界或者实际控制线5公里以内且对我国森林草原资源构成一定威胁的境外森林火灾；

（6）发生距国界或者实际控制线5公里以外10公里以内且对我国森林草原资源构成一定威胁的境外草原火灾；

（7）同时发生3起以上危险性较大的森林草原火灾。

符合上述条件之一时，经国家森林草原防灭火指挥部办公室分析评估，认定灾情达到启动标准，由国家森林草原防灭火指挥部办公室常务副主任决定启动Ⅳ级响应。”

【解读】由于《森林防火条例》和《草原防火条例》中关于森林火灾的分级和草原火灾的分级不完全一致，启动条件（1）、（2）是综合了森林火灾和草原火灾分级标准，但并不是完全对应的。

例如，启动条件（1）虽然属于重大森林火灾和重大（Ⅱ级）草原火灾，但“受害森林面积在100公顷以上1000公顷以下的”属于重大森林火灾（其下限是100公顷以上，而非500公顷以上），“受害草原面积5000公顷以上8000公顷以下的”属于重大（Ⅱ级）草原火灾，显然，启动条件（1）重点参照了受害草原面积，提高了受害森林面积作为启动条件。

再如，启动条件（2）“造成1人以上3人以下死亡或者1人以上10人以下重伤的森林草原火灾”，与较大森林火灾的标准完全相同，但在草原火灾分级中，却分属一般（Ⅳ级）草原火灾（造成重伤1人以上3人以下的）和较大（Ⅲ级）草原火灾（造成死亡3人以下，或造成重伤3人以上10人以下的），显然，启动条件（2）重点参照了森林火灾分级中的伤亡标准。

启动条件（3）昭示了党和政府对舆情的高度重视，对人民群众所关心问题的高度重视。

启动条件（4）、（7）参照了《国家森林火灾应急预案》中，国家层面应对工作设定的Ⅳ级响应的启动条件；启动条件（5）、（6）参照了《全国草原火灾应急预案》中设定的Ⅱ级、Ⅲ级响应的启动条件。

最后一个自然段，规定了Ⅳ级响应如何启动，由谁决定启动。

6.3.1.2　响应措施

“（1）国家森林草原防灭火指挥部办公室进入应急状态，加强卫星监测，及时连线调度火灾信息；

（2）加强对火灾扑救工作的指导，根据需要预告相邻省（自治区、直辖市）地方专业防扑火队伍、国家综合性消防救援队伍做好增援准备；

（3）根据需要提出就近调派应急航空救援飞机的建议；

（4）视情发布高森林草原火险预警信息；

（5）根据火场周边环境，提出保护重要目标物及重大危险源安全的建议；

（6）协调指导中央媒体做好报道。”

【解读】规定了国家森林草原防灭火指挥部办公室的Ⅳ级响应措施。

6.3.2　Ⅲ级响应

6.3.2.1　启动条件

“（1）过火面积超过1000公顷的森林火灾或者过火面积超过8000公顷的草原火灾；

（2）造成3人以上10人以下死亡或者10人以上50人以下重伤的森林草原火灾；

（3）发生在敏感时段、敏感地区，48小时尚未扑灭明火的森林草原火灾；

（4）境外森林火灾蔓延至我国境内；

（5）发生距国界或实际控制线5公里以内或者蔓延至我国境内的境外草原火灾。

符合上述条件之一时，经国家森林草原防灭火指挥部办公室分析评估，认定灾情达到启动标准，由国家森林草原防灭火指挥部办公室主任决定启动Ⅲ级响应。”

【解读】“过火面积超过1000公顷的森林火灾”属于特别重大森林火灾；“过火面积超过8000公顷的草原火灾”属于特别重大（Ⅰ级）草原火灾。

启动条件（2）与较大森林火灾的标准吻合；启动条件（3）参照了《国家森林火灾应急预案》中，国家层面应对工作设定的Ⅲ级响应的启动条件；启动条件（4）、（5）参照了《全国草原火灾应急预案》中设定的Ⅱ级、Ⅲ级响应的启动条件。

最后一个自然段，规定了Ⅲ级响应如何启动，由谁决定启动。

6.3.2.2　响应措施

“（1）国家森林草原防灭火指挥部办公室及时调度了解森林草原火灾最新情况，组织火场连线、视频会商调度和分析研判；根据需要派出工作组赶赴火场，协调、指导火灾扑救工作；

（2）根据需要调动相关地方专业防扑火队伍、国家综合性消防救援队伍实施跨省

（自治区、直辖市）增援；

（3）根据需要调动应急航空救援飞机跨省（自治区、直辖市）增援；

（4）气象部门提供天气预报和天气实况服务，做好人工影响天气作业准备；

（5）指导做好重要目标物和重大危险源的保护；

（6）视情及时组织新闻发布会，协调指导中央媒体做好报道。”

【解读】规定了国家森林草原防灭火指挥部办公室的Ⅲ级响应措施。

6.3.3 Ⅱ级响应

6.3.3.1 启动条件

“（1）过火面积超过10000公顷的森林火灾或者过火面积超过15000公顷的草原火灾；

（2）造成10人以上30人以下死亡或者50人以上100人以下重伤的森林草原火灾；

（3）发生在敏感时段、敏感地区，72小时未得到有效控制的森林草原火灾；

（4）境外森林草原火灾蔓延至我国境内，72小时未得到有效控制。

符合上述条件之一时，经国家森林草原防灭火指挥部办公室分析评估，认定灾情达到启动标准并提出建议，由担任应急管理部主要负责同志的国家森林草原防灭火指挥部副总指挥决定启动Ⅱ级响应。”

【解读】启动条件（1）中，森林火灾和草原火灾的过火面积均在特别重大（Ⅰ级）草原火灾规定的面积范围内（即受害草原面积8000公顷以上的）。

启动条件（2）中的伤亡人数与重大森林火灾吻合。

启动条件（3）、（4）参照了《全国草原火灾应急预案》中设定的Ⅱ级响应的启动条件。

最后一个自然段，规定了Ⅲ级响应如何启动，由谁决定启动。值得注意的是，与Ⅳ级、Ⅲ级响应相比，国家森林草原防灭火指挥部办公室主要是“分析评估，并提出建议。”

6.3.3.2 响应措施

“在Ⅲ级响应的基础上，加强以下应急措施：

（1）国家森林草原防灭火指挥部组织有关成员单位召开会议联合会商，分析火险形势，研究扑救措施及保障工作；会同有关部门和专家组成工作组赶赴火场，协调、指导火灾扑救工作；

（2）根据需要增派地方专业防扑火队伍、国家综合性消防救援队伍跨省（自治区、直辖市）支援，增派应急航空救援飞机跨省（自治区、直辖市）参加扑火；

（3）协调调派解放军和武警部队跨区域参加火灾扑救工作；

（4）根据火场气象条件，指导、督促当地开展人工影响天气作业；

（5）加强重要目标物和重大危险源的保护；

（6）根据需要协调做好扑火物资调拨运输、卫生应急队伍增援等工作；

（7）视情及时组织新闻发布会，协调指导中央媒体做好报道。”

【解读】“在Ⅲ级响应的基础上，加强以下应急措施”，也就是说，Ⅲ级响应的应急措施在此都是适用的。

规定了当达到Ⅱ级响应和Ⅲ级响应时，国家森林草原防灭火指挥部要组织有关成员单位开展火情会商，并会同有关部门和专家组成工作组赶赴火场，协调、指导火灾扑救工作，充分发挥专家组的作用，切实落实“科学扑救”的森林草原火灾应对工作原则。

同时，要求国家森林草原防灭火指挥部要根据需要增派专业防扑火力量参加扑火，协调好解放军和武警部队、气象部门、物资调拨和运输部门、卫生医疗部门、中央媒体宣传报道部门等做好协同工作，切实落实森林草原火灾应对工作原则。充分发挥国家森林草原防灭火指挥部的组织、协调、指导作用。

6.3.4 Ⅰ级响应

6.3.4.1 启动条件

“（1）过火面积超过100000公顷的森林火灾或者过火面积超过150000公顷的草原火灾（含入境火），火势持续蔓延；

（2）造成30人以上死亡或者100人以上重伤的森林草原火灾；

（3）国土安全和社会稳定受到严重威胁，有关行业遭受重创，经济损失特别巨大；

（4）火灾发生地省级人民政府已经没有能力和条件有效控制火场蔓延。

符合上述条件之一时，经国家森林草原防灭火指挥部办公室分析评估，认定灾情达到启动标准并提出建议，由国家森林草原防灭火指挥部总指挥决定启动Ⅰ级响应。必要时，国务院直接决定启动Ⅰ级响应。”

【解读】“过火面积”远远高于灾害分级标准中特别重大森林火灾的下限“1000公顷以上”，也远远高于特别重大（Ⅰ级）草原火灾的下限“8000公顷以上”。表明国务院把一部分责任下沉到了国家森林草原防灭火指挥部及其办公室，国家森林草原防灭火指挥部的组成单位和部门要切实负起责任，在森林草原火灾应对工作中，不能有“等、靠、要”的思想和行动。

启动条件（2）中的伤亡人数与特别重大森林火灾吻合。

启动条件（3）和启动条件（4）同时表明，除非森林草原火灾异常严重，才不得不启动Ⅰ级响应。

是否启动Ⅰ级响应的权限是国家森林草原防灭火指挥部总指挥和国务院。

6.3.4.2 响应措施

“国家森林草原防灭火指挥部组织各成员单位依托应急部指挥中心全要素运行，由总指挥或者党中央、国务院指定的负责同志统一指挥调度；火场设国家森林草原防灭火指挥部火场前线指挥部，下设综合协调、抢险救援、医疗救治、火灾监测、通信保障、交通保障、社会治安、宣传报道等工作组；总指挥根据需要率工作组赴一线组织指挥火灾扑救工作，主要随行部门为副总指挥单位，其他随行部门根据火灾扑救需求确定。采取以下措施：

（1）组织火灾发生地省（自治区、直辖市）党委和政府开展抢险救援救灾工作；

（2）增调地方专业防扑火队伍、国家综合性消防救援队伍，解放军和武警部队等跨区域参加火灾扑救工作；增调应急航空救援飞机等扑火装备及物资支援火灾扑救工作；

（3）根据省级人民政府或者省级森林（草原）防（灭）火指挥机构的请求，安排生活救助物资，增派卫生应急队伍加强伤员救治，协调实施跨省（自治区、直辖市）转移受威胁群众；

（4）指导协助抢修通信、电力、交通等基础设施，保障应急通信、电力及救援人员和物资交通运输畅通；

（5）进一步加强重要目标物和重大危险源的保护，防范次生灾害；

（6）进一步加强气象服务，紧抓天气条件组织实施人工影响天气作业；

（7）建立新闻发布和媒体采访服务管理机制，及时、定时组织新闻发布会，协调指导中央媒体做好报道，加强舆论引导工作；

（8）决定森林草原火灾扑救其他重大事项。”

【解读】Ⅰ级响应是森林草原火灾应对的最高级别，启动Ⅰ级响应后，国家森林草原防灭火指挥部组织各成员单位依托应急管理部指挥中心全要素运行。也就是说，不仅国家森林草原防灭火指挥部办公室要全要素运行，各成员单位同样要全要素运行。同时，本《预案》附件中所列火场前线指挥部下设11个工作组所涉及的22个单位和部门，均由总指挥或者党中央、国务院指定的负责同志统一指挥调度。此外，“总指挥根据需要率工作组赴一线组织指挥火灾扑救工作，主要随行部门为副总指挥单位，其他随行部门根据火灾扑救需求确定。”这就意味着，在此次森林草原火灾应对中，总指挥可以在火场前线指挥部做出决策，可以当场拍板，相关单位和部门必须贯彻落实。

措施（1）要发挥火灾发生地省（自治区、直辖市）党委和政府的作用，此时，仅仅人民政府参与抢险救援救灾工作是不够的，要充分发挥省委、省政府的“一岗双责”作用。

措施（2）规定了启动Ⅰ级响应后，可以增调的扑火力量以及可以增调的扑火装备及物资。

措施（3）、措施（4）、措施（6）、措施（7），规定了需要组织、协调的部门以及对这些协作部门提出了具体要求。

措施（5）要求，在启动Ⅰ级响应后，不仅要加强重要目标物和重大危险源的保护，而且要防范次生灾害的发生。

措施（8）要求在启动Ⅰ级响应后，应根据森林草原火灾扑救的实际情况决定其他重大事项。

6.3.5 启动条件调整

“根据森林草原火灾发生的地区、时间、敏感程度，受害森林草原资源损失程度，经济、社会影响程度，启动国家森林草原火灾应急响应的标准可酌情调整。”

【解读】与《国家森林火灾应急预案》和《全国草原火灾应急预案》相比，这一条款是新增加的。因为森林草原火灾的发生、发展过程中，许多情况和问题都在不断地变化之中，不能机械地理解或执行上述4个国家层面应对的响应等级。要“根据森林草原火灾发生的地区、时间、敏感程度，受害森林草原资源损失程度，经济、社会影响程度”，适时调整启动条件，根据调整后的响应等级采取相应的应对措施。

6.3.6 响应终止

“森林草原火灾扑救工作结束后，由国家森林草原防灭火指挥部办公室提出建议，按启动响应的相应权限终止响应，并通知相关省（自治区、直辖市）。”

【解读】不要把“6.2.8 应急结束”与这里的“响应终止”弄混了。这里的“响应终止”是针对上述4个国家层面应对的响应等级而言的。所以，“按启动响应的相应权限终止响应”，一定要弄清楚上述4个国家层面应对启动响应的权限。

7 综合保障

7.1 输送保障

“增援扑火力量及携行装备的机动输送，近距离以摩托化方式为主，远程以高铁、航空方式投送，由铁路、民航部门下达输送任务，由所在地森林（草原）防（灭）火指挥机构、国家综合性消防救援队伍联系所在地铁路、民航部门实施。”

【解读】规定了增援扑火兵力及携行装备的运输方式和途径，并明确了森林草原火灾应对协作部门的任务和责任。

7.2 物资保障

“应急管理部、国家林业和草原局会同国家发展改革委、财政部研究建立集中管理、统一调拨，平时服务、战时应急，采储结合、节约高效的应急物资保障体系。加强重点地区森林草原防灭火物资储备库建设，优化重要物资产能保障和区域布局，针对极端情况下可能出现的阶段性物资供应短缺，建立集中生产调度机制。科学调整中央储备规模结构，合理确定灭火、防护、侦通、野外生存和大型机械等常规储备规模，适当增加高技术灭火装备、特种装备器材储备。地方森林（草原）防（灭）火指挥机构根据本地森林草原防灭火工作需要，建立本级森林草原防灭火物资储备库，储备所需的扑火机具，装备和物资。”

【解读】首先规定了应急管理部、国家林业和草原局、国家发展改革委、财政部等部委建立物资集中管理、统一调拨的机制，对物资保障体系建设中的重点任务做出了规定；其次对重点地区森林草原防灭火物资储备库建设提出了具体要求；再次对中央和地方森林草原防灭火物资储备库建设提出具体指导。

7.3 资金保障

“县级以上地方人民政府应当将森林草原防灭火基础设施建设纳入本级国民经济和社会发展规划，将防灭火经费纳入本级财政预算，保障森林草原防灭火所需支出。”

【解读】规定了县级以上地方人民政府应提供的森林草原火灾应对的资金保障，明确了“将防灭火经费纳入本级财政预算，保障森林草原防灭火所需支出”。

8 后期处置

8.1 火灾评估

“县级以上地方人民政府组织有关部门对森林草原火灾发生原因、肇事者及受害森林草原面积和蓄积、人员伤亡，其他经济损失等情况进行调查和评估。必要时，上一级森林（草原）防（灭）火指挥机构可发督办函督导落实或者提级开展调查和评估。”

【解读】规定了组织和实施火灾评估的部门及评估的主要内容。

县级以上地方人民政府是火灾评估的责任主体，应当组织有关部门开展这项工作。有关部门是指与火灾评估内容有密切联系的所有业务主管部门。例如，县资源管理与规划局、应急管理局、水利局、农业农村局、公安局等，并不仅限于某个业务主管部门。

火灾评估仍然是森林草原火灾应对的重要组成部分，本《预案》与此相关的规定对开展此项工作都适用。例如，“坚持统一领导、协调联动，分级负责、属地为主的原则”同样适用于火灾评估工作。

“必要时，上一级森林（草原）防（灭）火指挥机构可发督办函督导落实或者提级开展调查和评估。”提级开展调查和评估时，仍然是由上级（设区的市级、省级）人民政府组织其相关业务主管部门开展此项工作。

8.2 火因火案查处

“地方各级人民政府组织有关部门对森林草原火灾发生原因及时取证、深入调查，依法查处涉火案件，打击涉火违法犯罪行为，严惩火灾肇事者。”

【解读】“地方各级人民政府组织有关部门”，并不仅仅局限于公安机关，因为“依法查处涉火案件，打击涉火违法犯罪行为，严惩火灾肇事者”牵涉到多学科、多专业、多行业、多方面的专门知识，需要多方配合，共同完成。

8.3 约谈整改

“对森林草原防灭火工作不力导致人为火灾多发频发的地区，省级人民政府及其有关部门应及时约谈县级以上地方人民政府及其有关部门主要负责人，要求其采取措施及时整改。必要时，国家森林草原防灭火指挥部及其成员单位按任务分工直接组织约谈。”

【解读】约谈是指拥有“行政职权”的机关通过约谈沟通、分析讲评、了解政策法规等方式，对下级工作中存在的问题进行纠正和规范。约谈从字面上来看，虽然是谈话、交谈和谈判的意思，但是工作实践中，约谈通常是上级对下级带有强制性、命令式的交谈。约谈的目的是命令其尽快整改。

“对森林草原防灭火工作不力导致人为火灾多发频发的地区”的县级以上地方人民政府及其有关部门主要负责人进行约谈，其主要目的是要将森林草原火灾预防、监测、应对等工作前移，做好“事前控制”，认真梳理、整改森林草原防灭火工作中存在的问题，补齐“短板”，提高其森林草原防灭火水平。

8.4 责任追究

“为严明工作纪律，切实压实压紧各级各方面责任，对森林草原火灾预防和扑救工作中责任不落实，发现隐患不作为、发生事故隐瞒不报、处置不得力等失职渎职行为，依据有关法律法规追究属地责任、部门监管责任、经营主体责任、火源管理责任和组织扑救责任。有关责任追究按照《中华人民共和国监察法》等法律法规规定的权限、程序实施。”

【解读】规定了“对森林草原火灾预防和扑救工作中责任不落实，发现隐患不作为、发生事故隐瞒不报、处置不得力等失职渎职行为，依据有关法律法规追究属地责任、部门监管责任、经营主体责任、火源管理责任和组织扑救责任”。这里的责任已不是某个人的责任！这里明确指出了“根据有关法律法规追究属地责任、部门监管责任、经营主体责任、火源管理责任和组织扑救的责任”，因此，不能仅依据《森林防火条例》或《草原防火条例》，更主要的是依据“有关法律法规”。

同时，进一步明确了“有关责任追究按照《中华人民共和国监察法》等法律法规规定的权限、程序实施”。

8.5 工作总结

“各级森林（草原）防（灭）火指挥机构及时总结、分析火灾发生的原因和应吸取的经验教训，提出改进措施。党中央、国务院领导同志有重要指示批示的森林草原火灾和特别重大森林草原火灾，以及引起社会广泛关注和产生严重影响的重大森林草原火灾，扑救工作结束后，国家森林草原防灭火指挥部向国务院报送火灾扑救工作总结。”

【解读】要求各级森林（草原）防（灭）火指挥机构对森林草原火灾应对的总结要及时，要深入分析发生的原因，应吸取森林草原火灾预防、扑救组织与协调、扑火指挥、扑火战略战术、扑救技术、森林草原火灾应急预案及响应，以及森林草原防火管理、队伍建设、保障条件等方方面面的经验教训。要杜绝只总结经验，不吸取教训。在及时总结的基础上，要提出切实可行的改进措施，并使改进措施落到实处。

对“党中央、国务院领导同志有重要指示批示的森林草原火灾和特别重大森林草原火灾，以及引起社会广泛关注和产生严重影响的重大森林草原火灾”，扑救工作结束后，国家森林草原防灭火指挥部要及时向国务院报送工作总结。

8.6 表彰奖励

“根据有关规定，对在扑火工作中贡献突出的单位、个人给予表彰奖励；对扑火工作中牺牲人员符合评定烈士条件的，按有关规定办理。”

【解读】这里明确指出了“按有关规定办理”。因此，相关部门在表彰奖励、评定烈士时，不能仅依据《中华人民共和国森林法》《中华人民共和国草原法》《森林防火条例》《草原防火条例》等涉林草的有关规定，更主要的是依据与“表彰奖励、评定烈士”关系更密切的“有关规定”。

9 附则

9.1 涉外森林草原火灾

“当发生境外火烧入或者境内火烧出情况时，已签订双边协定的按照协定执行；未签订双边协定的由国家森林草原防灭火指挥部、外交部共同研究，与相关国家联系采取相应处置措施进行扑救。”

【解读】规定了境外森林草原火灾烧入或境内森林草原火灾烧出两种情形的处置机制和处置措施。

9.2 预案演练

“国家森林草原防灭火指挥部办公室会同成员单位制定应急演练计划并定期组织演练。”

【解读】规定了“国家森林草原防灭火指挥部办公室会同成员单位制定应急演练计划

并定期组织演练”。这是针对本《预案》而言的，千万不要误以为县级以上地方人民政府制定的本级《森林草原火灾应急预案》的演练不用照此执行。

9.3 预案管理与更新

“预案实施后，国家森林草原防灭火指挥部会同有关部门组织预案学习、宣传和培训，并根据实际情况适时组织进行评估和修订。县级以上地方人民政府应急管理部门结合当地实际编制森林草原火灾应急预案，报本级人民政府批准，并报上一级人民政府应急管理部门备案，形成上下衔接、横向协同的预案体系。”

【解读】本条规定了本《预案》的“学习、宣传和培训”，并根据实施的实际情况，适时组织对本《预案》进行评估和修订。

要求“县级以上地方人民政府应急管理部门结合当地实际编制森林草原火灾应急预案，报本级人民政府批准，并报上一级人民政府应急管理部门备案，形成上下衔接、横向协同的预案体系”。结合当地实际就是要综合考虑当地的林情、火情、社情等。

9.4 以上、以下、以内、以外的含义

“本预案所称以上、以内包括本数，以下、以外不包括本数。”

【解读】例如，县级以上人民政府，应包括县级人民政府。再如，“造成1人以上3人以下死亡或者1人以上10人以下重伤的森林草原火灾”，包括1人，但死亡人数不包括“3人”，重伤人数不包括“10人”。

9.5 预案解释

“本预案由国家森林草原防灭火指挥部办公室负责解释。”

【解读】本预案的解释权归国家森林草原防灭火指挥部办公室。

9.6 预案实施时间

“本预案自印发之日起实施。”

【解读】“国务院办公厅关于印发国家森林草原火灾应急预案的通知”的发布日期是2020年11月23日。因此，本《预案》自2020年11月23日起实施。

第4章 《国家森林草原火灾应急预案》实施中应注意的关键问题

4.1 关于“人民至上、生命至上”

本《预案》开宗明义，把“以习近平新时代中国特色社会主义思想为指导，深入贯彻落实习近平总书记关于防灾减灾救灾的重要论述和关于全面做好森林草原防灭火工作的重要指示精神，按照党中央、国务院决策部署，坚持人民至上、生命至上，进一步完善体制机制，依法有力有序有效处置森林草原火灾，最大程度减少人员伤亡和财产损失，保护森林草原资源，维护生态安全”作为本《预案》的指导思想。明确要牢固树立“人民至上、生命至上”的理念，是本《预案》实施中应注意的关键问题之一。

4.2 关于“统一领导、协调联动，分级负责、属地为主”

“统一领导、协调联动，分级负责、属地为主”是森林草原火灾应对基本原则的部分内容，它包含“统一领导、协调联动”和“分级负责、属地为主”两个方面。在实施本《预案》时，以下几个问题应特别注意。

4.2.1 《国家森林草原火灾应急预案》实施的主体

《国家森林草原火灾应急预案》（以下简称本《预案》）是在国务院统一领导下，由国家森林草原防灭火指挥部负责编修和组织协调实施的。从国家的层面讲，本《预案》实施的主体是中央人民政府，职责部门是国务院。

国家森林草原防灭火指挥部是国务院授权的一个机构。设在应急管理部的国家森林草原防灭火指挥部办公室，是一个办事部门，它不是本《预案》实施的主体。其职责是组织、协调、指导森林草原火灾的应对工作，承担指挥部的日常工作。

“必要时，国家林业和草原局可以按程序提请以国家森林草原防灭火指挥部名义部署相关防火工作。”显然，国家林业和草原局也不是本《预案》实施的主体。

从地方层面上讲，地方各级人民政府是本《预案》实施的主体。目前，我国地方各级人民政府由乡（镇、民族乡）、县（市、自治县）、市（自治州）、省（自治区、直辖市）构成，所以，《国家森林草原火灾应急预案》实施的主体依次是乡（镇、民族乡）人民政府、县（市、自治县）人民政府、市（自治州）人民政府和省（自治区、直辖市）人民政府。因此，地方各级应急管理部门、林草部门和森林草原防灭火部门都不是本《预案》实施的主体。

同时，本《预案》明确规定：应对本行政区域内重大、特别重大森林草原火灾的主体是省级人民政府。国家根据森林草原火灾应对工作需要，及时启动（国家层面上）应急响应、组织应急救援。这一点要特别注意。

4.2.2 《国家森林草原火灾应急预案》实施的领导权

《国家森林草原火灾应急预案》关于“统一领导、协调联动，分级负责、属地为主，以人为本、科学扑救，快速反应、安全高效”的原则，非常明确地指出了森林草原火灾应对的领导权。即在《国家森林草原火灾应急预案》实施中具有主体地位的是乡（镇、民族乡）人民政府、县（市、自治县）人民政府、市（自治州）人民政府和省（自治区、直辖市）人民政府。

《国家森林草原火灾应急预案》所涉及的所有部门和机构，在实施过程中都要服从同级人民政府的统一领导。

《国家森林草原火灾应急预案》所涉及的所有工作内容，以属地为主、分级负责。其实施的领导权归属地的人民政府。

4.2.3 森林草原防灭火指挥机构

确立森林草原防灭火指挥机构是坚持“统一领导、协调联动”的基础。

国家层面上，国家森林草原防灭火指挥部负责组织、协调和指导全国森林草原防灭火工作，指挥部办公室设在应急管理部，由应急管理部、公安部、国家林业和草原局共同派员组成，承担指挥部的日常工作。必要时，国家林业和草原局可以按程序提请以国家森林草原防灭火指挥部名义部署相关防火工作。

地方层面上，县级以上地方人民政府按照“上下基本对应”的要求，设立森林（草原）防（灭）火指挥机构，负责组织、协调和指导本行政区域（辖区）森林草原防灭火工作。

显然，中央人民政府和县级以上地方人民政府把负责组织、协调和指导全国和本级森林草原防灭火工作的权限，授权给了上述森林草原防灭火指挥机构，由专业的机构做专业的事。

应该注意的是，乡（镇、民族乡）人民政府不能将本辖区的森林草原防灭火工作权限下移。

4.2.4 指挥单位任务分工

指挥单位的任务分工是落实“分级负责、属地为主”的保障。本《预案》进一步明确了公安部、应急管理部、国家林业和草原局在森林草原防灭火工作中的责任边界，分级负责的主辅关系。例如，国家林业和草原局的责任边界为“国家林业和草原局履行森林草原防火工作行业管理责任，具体负责森林草原火灾预防相关工作，指导开展防火巡护、火源管理、日常检查、宣传教育、防火设施建设等，同时负责森林草原火情早期处理相关工作。”

“分级负责、属地为主”的前提是“统一领导、协调联动”，这一点在本《预案》指挥单位任务分工中也做了明确规定："国家森林草原防灭火指挥部办公室发挥牵头抓总作用，强化部门联动，做到高效协同，增强工作合力。"

4.3 关于"科学扑救"

4.3.1 森林草原火灾应对的各项准备工作是"科学扑救"的前提

森林草原火灾是当今世界发生面广、危害性大、时效性强、处置救助极难的自然灾害。森林草原火灾应对工作与人类社会的各个领域有着密切关系，它既与自然有关，又和社会有关。它不像数学、物理、化学、天文、地理、生物、文学、史学、新闻学、经济学等学科，可以完全归属于社会科学或者自然科学；森林草原火灾应对工作，需要跨学科、跨部门、跨领域的合作，所需知识既涉及自然科学，也涉足社会科学。

在森林草原火灾应对工作中，不仅与指挥学、灭火技术装备、灭火战略战术和火场通信等学科知识密切相关，而且与数学、化学、物理、气象学、地形学、信息技术、机械学、工程学、运筹学、遥感技术、管理学、心理学、协同学和突变论等多学科相互交融。因此，"科学扑救"是森林草原火灾应对必须遵循的一个基本原则。同时，"科学扑救"又是"以人为本"原则的基础，在复杂性、突发性、危险性和难控性都异常突出的森林草原火灾面前，只有做到了"科学扑救"，才能真正将"以人为本"落到实处。

本《预案》就是要落实"预先防范"。按照汉语的解释，"预"，指预先或者事先；"防"，指防备或防范。看似简单的几个字，却包含着值得每一位森林草原防火工作者花费毕生精力去解读、去实践的哲理。我国有两句俗语，叫做"人无远虑，必有近忧""凡事预则立，不预则废"，也应该成为森林草原火灾应对的行动指南。因此，地方各级人民政府应该把森林草原火灾预防当作"科学扑救"的常规工作来抓。

林草火的发生和蔓延主要取决于森林草原可燃物、火源和火环境三个方面的主要因素。可燃物是林草火发生和蔓延的物质基础，火源是林草火发生和蔓延的主导因素，火环境是林草火发生和蔓延的重要条件，三者缺一不可。要实施"科学扑救"，必须深入研究三者之间的关系，把可燃物管理、火源管控和火环境调控当作森林火灾扑救重要环节。

（1）抓好可燃物管理，降低火灾扑救的难度

可燃物的管理重点工作，应该从减少可燃物载量和改变可燃物燃烧性两个方面着手。减少可燃物载量的措施如定期清理或计划烧除林下易燃类可燃物；采取定点放牧或轮牧；通过经营措施改变林下小环境，进而加快枯枝落叶的分解速度；通过筛选或培养腐生菌加快枯枝落叶的分解速度；通过生物的化学他感作用，抑制林下或草原上易燃类可燃物的生长等。降低可燃物燃烧性的措施如利用不同树种的燃烧性差异，将易燃类的树种和难燃类的树种合理搭配，营造抗火性强的混交林；选择抗火性强的树种营造生物防（阻）火林带（网）；通过改变森林、草原的小环境，间接改变可燃物燃烧性；通过生物工程、生物遗传等技术措施，改造树种、草种的燃烧性；营建乔—灌—草结合，林—果—药—经济植物结合的立体防火林网、立体林业，降低整个林分、草原植被的燃烧性。

（2）管控好火源，降低火灾发生的概率

火源的管控，首先应该做好宣传教育工作，营建全民防火，严控野外用火的良好氛围。宣传教育的形式要多样化，要对学龄前儿童及中小学生进行强化教育，对不同对象有针对性地进行宣传教育。宣传教育必须既面向城市又面向农村，特别是要面向林区和牧区、面向各个不同年龄阶段的人。使每个公民都具有爱护森林、爱护草原，防范森林草原火灾的意识和责任感。其次，要依法管火、治火，认真贯彻落实现行森林草原防火的法律法规，完善地方森林草原火源管理法规。特别是要落实野外火源管理工作的责任，野外用火的管制制度，落实森林草原火源管理经费的保障，落实地方各级行政首长负责制，充分发挥“乡规民约”的积极作用。再次，火源管控要摸清本地火源种类和主要火源种类，摸清本地主要火源的地域性分布，摸清本地主要火源的时间分布规律［本地主要火源的年分布规律、月（季节）分布规律、日分布规律］，摸清本地居民的野外用火习惯，建立健全完善火源管理的措施。

各地在火源的管控积累了丰富的经验，可以互相借鉴。如目前实行的“林长制”；森林草原防火紧要期，严禁野外用火，并加大巡护力度；森林草原防火期，严格执行入山证制度；管住重点人员和重要部位；森林草原防火期，对入山人员必要的生活用火，要有专人负责，选择河边等安全地点用火；严格生产、民俗用火审批，加强指导，严防失火；加强节日期间火源管控；加大森林草原火案查处力度等。

（3）适时调节火环境，降低火灾扑救的危险性

火环境，除了可燃物和火源之外，一切影响林草火发生发展的环境因素，统称为森林草原火环境。火环境的调控同样是“科学扑救”的前提。森林草原火灾可以分为对林草火发生与蔓延有利的火环境，如高温、低湿、大风、连续干旱、陡坡等，以及对林草火发生与蔓延不利的火环境，如降水、阴天、露、雾、霜、平地等。火环境的调节，就是通过人为的措施将有利于火发生和蔓延的火环境条件，变为不利于火发生和蔓延的环境条件。火环境调节最佳措施是人工增雨，人工增雨不仅是改变森林草原火环境，降低森林草原火险，有效预防森林草原火灾的重要措施，而且是扑救森林草原火灾的辅助技术手段之一。

人工增雨不要等到各地已经进入防火期或防火紧要期才开展这项工作，更不要等到发生了森林草原火灾才想到进行人工增雨，因为这期间的成云、成雨的条件很不利，人工增雨的时机少、难度大，收效甚微。正确的做法是在防火期来临之前或即将来临时，通过人工增雨来改变火环境，才能有效地降低森林草原火险，避免重大森林草原火灾的发生。同时，通过人工增雨能够缓解局部地区的干旱，使多部门、多行业同时受益，是一举多得的举措。

4.3.2 森林草原防火体系建设是“科学扑救”的有力保障

森林草原火灾应对工作仅靠某一方面的力量，仅采取单一的手段是不行的，必须是各方面力量的密切配合，综合采取各种措施和手段。建立完备的森林草原防火体系是贯彻落实“科学扑救”原则的有力保障。

本《预案》非常重视森林草原防火体系的建设，概括起来，森林草原防火体系应包括：组织指挥体系、法律法规制度体系、应对协作体系、阻隔网络体系、预测预报体系、监测预警体系、通信联络体系、扑火救灾体系和林火科研体系等 9 个方面，这 9 个方面相互依存，共同构成森林草原防火体系。

（1）组织指挥体系

本《预案》所指的组织指挥体系包含 3 个层次：森林草原防灭火指挥机构、扑火指挥和专家组。

森林草原防灭火指挥机构：国家森林草原防灭火指挥部负责组织、协调和指导全国森林草原防火工作。指挥部办公室设在应急管理部，由应急管理部、公安部、国家林业和草原局共同派员组成，承担指挥部日常工作。必要时，国家林业和草原局可以按程序提请以国家森林草原防灭火指挥部名义部署相关防火工作。

县级以上地方人民政府按照“上下基本对应”的要求，设立森林（草原）防（灭）火指挥机构，负责组织、协调和指导本行政区域（辖区）森林草原防灭火工作。

除了组织、协调和指导森林草原防火工作外，国家和省级森林草原防灭火指挥部更主要是搞好宏观决策；县、市两级森林草原防灭火指挥部则集中力量抓好微观管理。

扑火指挥：除了根据需要在森林草原火灾现场成立的前线指挥部外，当地森林草原防灭火指挥机构就是履行森林草原火灾扑救指挥的机构。地方各级人民政府应该把扑火指挥员的选拔、培训、考核、淘汰等工作作为一项日常的重要任务来抓，要常抓不懈。

专家组：是森林草原火灾应对的重要智囊机构，地方各级人民政府要避免专家组可有可无的倾向，要避免发生了森林草原火灾才临时组建专家组的做法。地方各级人民政府要建立并不断完善森林草原火灾应对的专家智库建设。同时，地方各级人民政府可以分别在“森林草原火灾预防、科学灭火组织指挥、力量调动使用、灭火措施、火灾调查评估规划”等方面建立专业专家库。

（2）法律法规制度体系

本《预案》及其编制所依据的《中华人民共和国森林法》《中华人民共和国草原法》《中华人民共和国突发事件应对法》《森林防火条例》《草原防火条例》《国家突发公共事件总体应急预案》等，是森林草原火灾应对法律法规制度体系的核心内容。

除此之外，地方各级人民政府应当按照本《预案》的要求，根据当地的实际情况制定各自的森林草原火灾应急预案，着眼构建上下贯通、横向配套的预案体系；地方各级人民政府应当按照同步筹划、分级编修、协同推进的要求尽快完成县级以上森林草原火灾应急预案的编修工作。为实现依法管火、治火，有效地预防和应对森林草原火灾提供法律依据和行为准则。

（3）应对协作体系

“森林草原火灾应对工作坚持统一领导、协调联动，分级负责、属地为主”的原则，所涉及的部门和机构非常庞杂，只有把森林草原火灾应对的协作体系建设作为地方各级人民政府的日常工作来抓，按照本《预案》分级响应的原则建设森林草原火灾应对的协作体系，并加强森林草原火灾应对协作演练或演习，才能有效地保障实施科学扑救。

（4）阻隔网络体系

开设阻火隔离带是扑救森林草原火灾的间接灭火技术之一，特别是扑救重大森林草原火灾或高强度森林草原火灾时，是非常有效的阻火手段。然而，森林草原火灾扑救过程中，通常时间紧迫、任务重，经常存在来不及开设阻火隔离带的问题，有时也存在着对多变的火蔓延方向把握不准，即使开设了阻火隔离带，其阻火效果也非常有限等问题。因此，阻火隔离带的开设工作应提前至平时，作为森林草原火灾预防的常规工作来做。最理想的做法是，将防火线和防火林带与河流、道路等自然屏障相互连接，形成网络，把大片林区分割成若干小块，一旦有火灾，起到阻隔火蔓延的作用，将火场限制在一定范围内，便于快速扑灭，以使森林草原火灾损失降到最低点。

同时，从“以人为本，科学扑救”的角度看，森林草原火灾阻隔网络既可以作为扑火人员实施各种扑火技术的依托，又能作为扑火人员在扑火战斗中行进的安全通道，更为重要的是还能够作为森林草原火灾扑救人员紧急避险的“安全岛”。

（5）预测预报体系

森林草原火灾预测预报体系由火险天气预测预报、火险预测预报、火发生预测预报和火行为预测预报等组成。火险天气预测预报重点在于对高火险天气进行预估和评判，主要考虑的是天气要素；火险预测预报不仅要考虑天气要素，还要考虑可燃物因素，对火灾发生的风险进行预估和评判；火发生预测预报将可燃物、火源和火环境三要素综合考虑，对森林草原火灾能否发生进行预估和评判；火行为预测预报则不仅预测火能否发生，而且要预测一旦发生森林草原火灾，其潜在的火行为有哪些特征。

本《预案》多处对森林草原火灾预测预报体系建设提出了具体要求。例如，在预警分级和预警响应中规定：“根据森林草原火险指标、火行为特征和可能造成的危害程度，将森林草原火险预警级别划分为四个等级，由高到低依次用红色、橙色、黄色和蓝色表示。”“当发布蓝色、黄色预警信息后，预警地区县级以上地方人民政府及其有关部门密切关注天气情况和森林草原火险预警变化，加强森林草原防火巡护、卫星林火监测和瞭望监测，做好预警信息发布和森林草原防火宣传工作，加强火源管理，落实防火装备、物资等各项扑火准备，当地各级各类森林消防队伍进入待命状态。”“当发布橙色、红色预警信息后，预警地区县级以上地方人民政府及其有关部门在蓝色、黄色预警响应措施的基础上，进一步加强野外火源管理，开展森林草原防火检查，加大预警信息播报频次，做好物资调拨准备，地方专业防扑火队伍、国家综合性消防救援队伍视情对力量部署进行调整，靠前驻防。”这就要求地方各级人民政府在森林草原火灾发生之前，做好火险天气预测预报、火险预测预报和火发生预测预报。

再如，在森林草原火灾应急响应的分级响应中规定，“预判可能发生一般、较大森林草原火灾，由县级森林（草原）防（灭）火指挥机构为主组织处置；预判可能发生重大、特别重大森林草原火灾，分别由设区的市级、省级森林（草原）防（灭）火指挥机构为主组织处置；必要时，应及时提高响应级别”。这就要求地方各级人民政府在平时要构建适合当地实际的森林草原火灾火行为预测预报系统。

显而易见，火险天气、火险、火发生和火行为的准确测报是减少森林草原火灾应对工作盲目性，实行科学管理的重要手段，为森林草原火灾应对力量调度、战略决策、措施实施等提供了科学依据。

（6）监测预警体系

“早发现，早出动”，是森林草原火灾应对工作的重要环节。监测预警体系主要由国家气象卫星扫描，空军、民航和航空护林站飞机巡察联结成网，覆盖林区无盲区的瞭望台观测网和林区巡护，以及报警系统等构成。

卫星监测网络，通过计算机监控、GPS 卫星定位、网络传输、数码技术和无线通信等高科技手段的综合运用，使火监测更加精确，信息传递更加快捷，数据处理更为高效，为实现“早准备、早发现、早上人”提供了可靠保证。

航空巡察主要用于人烟稀少、交通不便的偏远原始林区，以弥补地面巡护和瞭望台观察不及之不足。瞭望台一般建于高山顶上，利用登高望远并配备望远镜来发现火情，确定火场位置，及时报告。地面一般由护林员或专业人员巡护，以控制非法入山人员，及时发现、报告火情并积极组织扑救。

只有“早准备、早发现、早上人”，才能实现“打早、打小、打了”的科学扑救森林草原火灾的任务。

（7）通信联络体系

通讯联络体系是以保障探测侦察系统、组织指挥系统和现场扑救系统之间随时沟通情况为基本前提的。按照本《预案》的要求，通信保障组由工业和信息化部牵头，应急管理部、国家林业和草原局等部门和单位参加。主要职责：协调做好指挥机构在灾区时的通信和信息化组网工作；建立灾害现场指挥机构、应急救援队伍与应急管理部指挥中心以及其他指挥机构之间的通信联络；指导修复受损通信设施，恢复灾区通信。

（8）扑火救灾体系

扑火救灾体系是以森林草原火灾预防为基础的，两者是唇齿相依的关系。地方专业防扑火队伍、应急航空救援队伍、国家综合性消防救援队伍等力量是扑火救灾体系的核心力量，解放军和武警部队支援力量为辅助力量，社会救援力量为补充力量。必要时可动员当地林区职工、机关干部及当地群众等力量协助做好扑救工作。

（9）林火科研体系

本《预案》将专家组在森林草原防灭火中的作用明确为全方位、全过程，体现了国家对专家组在森林草原火灾应对工作中给予了极其重要的地位，赋予了重要作用和使命。地方各级人民政府一定要将专家组的作用落到实处，在森林草原防灭火体系建设中，从政策上、资金上向森林草原防灭火科研倾斜，使森林草原防灭火的科研成果转化为森林草原火灾应对的生产力，为森林草原火灾的“科学扑救”保驾护航。

4.3.3 森林草原火灾应对基础数据库的研建和维护是“科学扑救”的根基

我国森林草原火灾应对基础数据库建设几乎是空白。森林草原火灾应对基础数据库的研建应该及早筹划，地方各级人民政府应该做到在制订各地森林草原火灾应急预案时，基础数据库先行，并在应急预案实施过程中不断更新数据库。森林草原火灾应对基础数据库的研建和更新应该包括以下几个方面的内容：

可燃物方面：森林草原可燃物和可燃物类型的分类、分布、理化性质、燃烧性以及变化动态，生物防火林带（网）和防火隔离带的数量、分布、防护面积等。

火源方面：本地火源和主要火源的种类，主要火源的地域性分布、年分布、月（季节）分布和日分布，本地居民的野外用火习惯，已经建立的火源管理措施等。

火环境方面：当地的火险因子，如空气温度、地面温度、草温、空气相对湿度、风向、风速、降水量、降水强度、连旱天数、可燃物含水率等。

其他方面：组织指挥体系、法律法规制度体系、应对协作体系、阻隔网络体系、预测预报体系、监测预警体系、通信联络体系、扑火救灾体系和林火科研体系 9 大体系的基础数据库，以及当地林情、火情、社情等基础数据库。

4.3.4 扑火指挥员的业务素养是“科学扑救”的关键

（1）扑火指挥的主要任务

扑火指挥的主要任务是遵循扑火的根本目的、战略思想、战术原则和上级的指令，侦察火情、判断情况、拟订扑火方案、下达指令、调用队伍、组织协同、保障供应、扑灭火灾的督促检查。

扑火指挥是扑救森林草原火灾队伍的“大脑”。其正确与否，直接影响扑火活动的进程和结局。扑救森林草原火灾的成效不但取决于消防机械设备、灭火方式和对火行为的了解掌握，而更重要的是取决于火场的实际扑火能力。扑火指挥正是这种扑火能力充分发挥的关键。因此，在决定扑救森林草原火灾成效的诸因素中，扑火指挥具有十分重要的地位和作用。不管扑救森林草原火灾的方法如何现代化，都必须重视扑救森林草原火灾的指挥工作。

（2）扑火指挥的特点

森林草原火灾扑救指挥既具有一般领导活动的共性特征，又与一般领导活动有较大区别。

①扑火指挥具有坚定的目的性，而一般领导活动的目的则有一定的弹性。

②扑火指挥具有严格的时限性，而一般领导活动的时限则有一定的伸缩性。

③扑火指挥具有较大的强制性，而一般领导活动则要求有较大的民主性。

④扑火指挥具有一定的风险性，而一般领导活动风险性是较小的。

森林草原火灾扑救指挥具有以下特点：

①强烈的对抗性。扑救森林草原火灾必须服从于“保护森林草原，扑灭火灾”这一根本目的。火虽然不具有思维能力，不会有意识地和我们对抗，但是森林草原火灾在火环境的综合影响下，具有它自己的行为特征。人们要控制它，扑灭它，它也会复燃和反控制。实际上我们在扑灭某一火场时，都要经过几次反复之后，才能把整个火场控制、扑灭。

②较大的强制性。扑救森林草原火灾过程中的强制性，集中表现在指挥者与被指挥者之间的命令与服从的关系。这是火场的严酷性和火的多变性以及扑火行动的统一性对于参战者的客观要求。在扑救森林草原火灾的整个过程中，指挥者主要靠命令、指示来控制扑火战斗员的行动。指挥者下达的命令、指示，扑火战斗员必须坚决服从，不得讨价还价，更不得违抗，擅自行动。指挥者与被指挥者之间的这种主从关系，要靠纪律和必要的强制手段来维持。如果不存在这种强制性，扑救森林草原火灾就无法统一步调，扑火队伍也就无法在险峻、严酷的环境中完成扑火任务。

③巨大的风险性。扑救森林草原火灾虽然比不上军队作战，但也充满着风险，常有伤亡的出现。因此，指挥员与指挥机关必须掌握火场的发展情况，降低风险；否则在扑救森林草原火灾的整个过程中，指挥者必须为被指挥者的生命和机械设备以及森林资源的安危承担主要责任。

④高速运行的动态性。扑救森林草原火灾是一个不断变化和高速运行的动态过程。扑火队伍快速、频繁地流动，火场态势的剧烈变化，这使扑救森林草原火灾工作也处于不断地变化和高速运行的状态中。作为指挥员和指挥机关必须根据火场剧烈变化的态势，灵活使用兵力和物力以及灭火方法，在扑火的有利时机一举扑灭火灾。

（3）扑火指挥的类型

①根据扑救森林草原火灾指挥的范围，可分为战略指挥和战术指挥。

战略指挥是指对扑救森林草原火灾全局有重大影响的战略对策的筹划与指导。是依据森林草原资源、地理环境、气候条件、社会因素、科学技术和经济实力来确定的。

战术指挥是指在较短的时空内，对火场或火场某个局部的扑火指挥活动。它是依据可燃物、地形条件、气象因子、火行为、火环境和扑火力量进行的。

在扑救森林草原火灾的过程中，战略指挥与战术指挥的界线，有时并不十分明显。例如，在扑救一个小火场或者火场某一局部时，把指挥员确定的某一举措说成是战略对策，就不太确切，而在扑救大面积森林草原火灾时，火场总指挥（火场前线总指挥）采取关键性的、影响全局的大的举措，可以说是战略指挥。

②按指挥权限分为集中指挥和分散指挥。

集中指挥就是对扑火队伍的统一指挥。集中的程度要依照具体情况和协同的需要来确定。

分散指挥也称分割指挥，是指扑火队伍分散行动时，其指挥员在上级统一意图下独立实施的指挥。例如，对分散的火线、火点，实行逐个歼灭游击战术的指挥，就属于分散指挥。分散指挥时，上级只下达原则性的指令，下级指挥员按照上级的意图，独立自主地指挥战斗员完成扑火任务。

③按级别分为按级指挥和越级指挥。

凡是依照隶属关系逐级实施的指挥，统称为按级指挥。

越级指挥则是对下越一级或数级实施的指挥。

通常在紧急情况下或部署特殊灭火任务时，常采用越级指挥的方式。在越级指挥时，上级指挥员或指挥部应将自己的命令，及时通报给被超越的指挥员或指挥部。受领任务的指挥员或指挥部也要及时向自己的直接上级报告情况。

④根据扑火指挥的规模和方法分为合成指挥和委托指挥。

合成指挥是指指挥员或指挥部对两个以上的不同扑火队伍，在统一的方案和指挥下为完成共同的扑火任务的扑火指挥。

委托指挥是上级只原则性地下达任务，而将完成灭火任务的具体方法留给下级指挥员或指挥部自行决定。下级指挥员或指挥部根据上级的意图和火场的具体情况，灵活机动地指挥扑火。在扑救森林草原火灾的实战中，各级森林草原防灭火指挥部对派遣到火场的指挥员或火场前线指挥部，一般都采取这种委托指挥方式。因为火场千变万化，运用委托指挥便于发挥扑火指挥员或火场前线指挥部的主动性、机动性和创造性，更能增强责任感，便于在紧急时刻迅速做出反应。

（4）扑火指挥原则

扑火指挥的原则就是在扑火过程中，必须遵循的法则和对策。扑火指挥时，要主观意识与客观实际相符合，要在客观的人力、物力条件下，充分利用天时、地利，发挥主观能动性，把扑灭火灾的可能变为现实。依据这一要求，扑救森林草原火灾的原则主要有以下几点：

①主客观一致的原则。在扑火指挥时，全面掌握主客观情况，主要包括：扑火任务、战术要求、队伍实力、装备给养等情况；地形特点、森林草原类型、火场大小、火势强弱、火速快慢、气象条件、火形态变化以及发展趋势等情况。

②机动灵活的原则。在扑救森林草原火灾过程中，要适时而机动地指挥，火场情况变化急剧，时机稍纵即逝。及时发现并抓住有利扑火时机，果断迅速地采取行动，才能赢得扑火胜利。

③集中兵力的原则。集中兵力，就是将主要扑火力量集中使用在一个点上或一个方向上。集中兵力，不是无限度地运用大兵团扑火。集中兵力，既要形成优势，又要集中适中。在集中兵力过程中，要考虑主客观条件和物力、财力的投入是否允许，是否有效，所需的兵力是否能够在预定的时间内到达预定的位置上去。

④统一指挥原则。参加扑火的所有单位和个人必须服从扑火前线指挥部的统一指挥。

⑤逐级指挥原则。下级前线指挥部必须执行上级前线指挥部的命令，一般情况下，上级前线指挥部不应越级下达命令，避免指挥混乱。

⑥分区指挥原则。在扑火总前指的统一领导下，根据火场实际情况划分战区，各分前

指可以全权负责本战区的组织指挥。

⑦安全扑火原则。坚持“以人为本”“人民至上、生命至上”，重点保障人民群众（包括扑火人员）生命财产和居民地、基础设施等重点目标安全。一般来说，不应该出现重大伤亡事故。因为保护森林草原资源固然重要，但是人的生命是无价的。所以，在扑救森林草原火灾过程中，必须坚持安全第一的原则。

⑧科学扑火原则。尊重自然规律，根据火行为和火场环境，“阻、打、清”相结合，努力减少森林草原资源损失。

⑨专业扑火原则。组织扑火力量要“以专为主”，其他力量为辅。

（5）指挥员基本素质

扑火指挥员要有较高的素质，要有全心全意为人民服务、公而忘私、能吃苦耐劳的政治思想素质；要有丰富的气象学、林学、地理学、火行为学等自然科学知识，还要懂行政、经济、法律等社会科学知识的良好业务素质；要有适应火场的心理素质和身体素质；还要有指挥能力。

指挥能力包括观察能力、判断能力、决断能力、处置能力、组织能力、表达能力、应变能力、交际能力和安全保护能力等。

观察必须全面、准确、迅速，善于将联想和分析结合起来，切忌主观、片面。

判断要高屋建瓴，明察秋毫；科学计算，严密推理；要善于从宏观上、微观上、数量上、逻辑上分析；防止定势思维；要注意随机因素；要研究特殊火行为；判断要做到可靠、快速、独立、灵活、坚定。

决断要立足全局，想得远一些；着眼发展，想得宽一些；抓住重点，想得透一些；不失时机，想得快一些；切忌武断，防止寡断，避免独断。处置要积极，不坐等胜利；要周密，不丢三落四；要精密，不颠三倒四；要灵活，不走死胡同；要果断，时间就是优势，时机就是胜利，机不可失，时不再来。

组织能力主要是善于制订正确的扑火行动方案，指令目的明确，运筹周密，决策果断；善于建立精干有力的指挥机构，指挥忙而不乱，井然有序；善于调用扑火队伍，充分发挥不同特点的扑火队的作用；善于有效地使用人力、物力，讲究扑火效益，以小的代价换取大的成果；善于把握和控制灭火队伍。

表达能力主要是语言表达要简明扼要，不要啰唆；书面表达要通俗易懂，不要词不达意；动作表达要干净利落，不要手舞足蹈。

应变能力主要是应变有备、神速，扬长避短，要一切都在控制之中。

交际能力主要是要善于搞好上下级和同级的兄弟单位的关系。

攻关能力主要是善于解决上、下级和各部门之间的关系和各种难题。

安全保护能力主要是指挥要科学，队员要精干，装备要良好，工具要先进。扑火出现人身事故大多是由于指挥员无能，队员无知，装备不良，工具不佳。

4.4 关于“快速反应，安全高效”

4.4.1 深刻理解本《预案》才能做到“快速反应，安全高效”

地方各级人民政府要建立健全森林草原火灾应急工作机制，提高政府快速高效地处置森林草原火灾的能力，必须按照本《预案》的要求，从森林草原火灾应急组织指挥体系、预防、监测、预警、扑救、善后和相关应急处置等各个环节着手，建立健全预测预警机制、响应处置机制、应急保障机制。只有建立健全完善的预测预警机制，才能及时发现森林火灾隐患，为森林草原火灾应对提供依据；只有建立健全完善的应急响应机制，对已经发生的森林草原火灾，地方各级人民政府才能采取运转顺畅高效的应急行动，减轻森林草原火灾所造成的损失和危害；只有建立健全完善的保障机制，才能确保森林草原火灾应急需要。因此，建立健全预测预警机制、应急响应机制、保障机制，是实现“快速反应，安全高效”的基本要求。

4.4.2 加大本《预案》的宣传力度才能做到“快速反应、安全高效”

本《预案》“7.4 预案的管理与更新”规定：“预案实施后，国家森林草原防灭火指挥部会同有关部门组织预案学习、宣传和培训，并根据实际情况适时组织进行评估和修订。”

森林草原火灾是突发事件的一种类型，本《预案》不仅是面对地方各级人民政府、应急救援部门和森林草原防灭火部门，而且面向社会公众。因为社会公众既是突发事件的承受者，也是防范和处置突发事件的参与者。因此，地方各级人民政府要面向公众，广泛宣传有关法律法规和预防、扑救、避险、自救、互救等知识，提高社会公众应对森林草原火灾的综合素质，深刻理解本《预案》，为森林草原火灾应急处置工作奠定良好的社会基础。地方各级人民政府要面向公众，调动各种资源，运用多种手段，广泛宣传本《预案》，切实履行政府的社会管理和公共服务职能，把保障公众健康和生命财产安全作为首要任务，最大程度地减少森林草原火灾造成的人员伤亡和危害。

4.4.3 制定各自的森林草原火灾应急预案才能做到“快速反应，安全高效”

地方各级人民政府根据当地的实际情况制定各自的森林草原火灾应急预案，不仅是本《预案》的要求，而且是贯彻落实“以人为本”“人民至上、生命至上”的需要。

本《预案》“7.4 预案的管理与更新”规定：“县级以上地方人民政府应急管理部门结合当地实际编制森林草原火灾应急预案，报本级人民政府批准，并报上一级人民政府应急管理部门备案，形成上下衔接、横向协同的预案体系。”因此，仅依靠本《预案》是不够的，各地的林情、火情、社情是不一样的，本《预案》是一个总的方案，各地要结合当地的林情、火情和社情制订针对性强的森林草原火灾应急预案，才能真正做到“快速反应，安全高效”。

4.4.4 做到“快速反应、安全高效”，要规范组织结构，明确职责任务

“火场就是战场”，能否打赢一场战役，伤亡和损失是否严重，取决于各个环节。任何一个机构和环节都不能出问题。在森林草原火灾应急预案及应对中应该规范指挥体系、安

全体系、保障部门、新闻部门等方方面面的关系，明确各级指挥员、战斗员、安全员、火情瞭望员、医疗救护员、信息传送人员、物资保障和供应人员、装备供给与维护人员、新闻发布人员等各类人员的工作职责和任务。

本《预案》对各部门、各类人员的职责、任务和权力进行了明确的规定，前述各节也都进行了详细地阐述。各部门和各类人员要做到不擅权、不越权、不放权，各司其职。

各级森林草原火灾应对机构和部门，要根据可能出现的火情、火行为及火灾发展态势等情况，对各项任务进行细化，对涉及的指标进行量化，预先制订出针对性、实用性强的战略战术和方法手段。要增强森林草原火灾应急预案的可操作性，在细化任务和量化指标时，必须明确回答事前、事发、事中、事后做什么？谁来做？怎样做？何时做？此外，还要调配先进、便捷、高效的扑火装备和材料，配备安全、可靠的个人防护装备。在少出伤亡事故、不出伤亡事故的前提下，实现“多、快、好、省”地处置森林草原火灾。

4.4.5 做到“快速反应、安全高效”，要加强预案的培训和实战演练

森林草原火灾应对不仅是一项艰苦的抢险救灾工作，而且具有很大的危险性。地方各级人民政府要定期开展森林草原火灾应急预案的培训和实战演练，其目的就是为了平时多流汗，战时少流血；就是为了提高森林草原火灾应对指挥员、战斗员科学扑救森林草原火灾的战术素养，提高森林草原火灾应对的实战能力；就是为了把各级森林草原火灾指挥员、专业扑火队员锤炼成“招之即来，来之能战，战之能胜”的森林草原消防战士，在少出伤亡事故、不出伤亡事故的前提下，圆满完成森林草原火灾应对任务。

4.5 关于地方各级人民政府行政首长负责制

本《预案》实行地方各级人民政府行政首长负责制，非常明确地规定了地方各级人民政府及其行政首长的权力和责任。为了更好地落实本《预案》，现将预案中地方各级人民政府行政首长负责的内容，按照预案已授权、可授权和不宜授权进行整理（个人观点仅供参考）。

4.5.1 本《预案》已授权的条目

（1）森林草原防灭火工作的授权

本《预案》“3.1　森林草原防灭火指挥机构”中：“县级以上地方人民政府按照‘上下基本对应’的要求，设立森林（草原）防（灭）火指挥机构，负责组织、协调和指导本行政区域（辖区）森林草原防灭火工作。”森林草原防灭火工作授权于本级森林（草原）防（灭）火指挥机构。

（2）森林草原火灾扑救的指挥权

本《预案》“3.3　扑救指挥”中分以下几种情况分别授权：

①“森林草原火灾扑救工作由当地森林（草原）防（灭）火指挥机构负责指挥。”即授权于本级森林（草原）防（灭）火指挥机构。

②“同时发生3起以上或者同一火场跨两个行政区域的森林草原火灾，由上一级森林（草原）防（灭）火指挥机构指挥。”即授权于上一级森林（草原）防（灭）火指挥机构。

③“跨省（自治区、直辖市）界且预判为一般森林草原火灾，由当地县级森林（草原）防（灭）火指挥机构分别指挥；”即授权于县级森林（草原）防（灭）火指挥机构。“跨省（自治区、直辖市）界且预判为较大森林草原火灾，由当地设区的市级森林（草原）防（灭）火指挥机构分别指挥；”即授权于设区的市级森林（草原）防（灭）火指挥机构。“跨省（自治区、直辖市）界且预判为重大、特别重大森林草原火灾，由省级森林（草原）防（灭）火指挥机构分别指挥，国家森林草原防灭火指挥部负责协调、指导。”即授权于省级森林（草原）防（灭）火指挥机构。

④“地方森林（草原）防（灭）火指挥机构根据需要，在森林草原火灾现场成立火场前线指挥部，规范现场指挥机制，由地方行政首长担任总指挥，合理配置工作组，重视发挥专家作用；”这一授权，不同于前面3种情形，有两个方面的问题需要注意。其一，火场前线指挥部不是直接从本级人民政府获得的授权，而是从本级森林（草原）防（灭）火指挥机构获得的授权，实践中，如果当地人民政府直接组建火场前线指挥部是不对的。其二，由地方行政首长担任火场前线指挥部的总指挥，因为火场前线指挥部随时可能遇到诸多需要人民政府当场“拍板”的问题，如物资支援、力量增援等问题，如果由专业人士担任总指挥，就有可能无法得到落实。所以，在“由地方行政首长担任总指挥”之后，紧接着明示了“合理配置工作组，重视发挥专家作用”；以及“有国家综合性消防救援队伍参与灭火的，最高指挥员进入火场前线指挥部，参与决策和现场组织指挥，发挥专业作用”；更值得注意的是本自然段最后一句“参加前方扑火的单位和个人要服从火场前线指挥部的统一指挥”，是服从火场前线指挥部的统一指挥，而非火场前线指挥部总指挥的统一指挥。

也就是说，火场前线指挥部在总指挥的带领下，要加强民主决策，特别是要充分发挥专业队伍指挥员、专家组和国家综合性消防救援队伍最高指挥员的专业作用，地方行政首长担任火场前线指挥部的总指挥，要发挥合理配置本《预案》附件所列11个工作组的作用。

（3）设立专家组的授权

在“3.4 专家组”中规定：“各级森林（草原）防（火）火指挥机构根据工作需要会同有关部门和单位建立本级专家组。”

显然，设立专家组的权限，不是地方各级人民政府，而是授权于各级森林（草原）防（灭）火指挥机构。

（4）专业扑火增援力量调动和使用的授权

先看看“跨省（自治区、直辖市）调动地方专业防扑火队伍增援扑火时，由国家森林草原防灭火指挥部统筹协调，由调出省（自治区、直辖市）森林（草原）防（灭）火指挥机构组织实施，调入省（自治区、直辖市）负责对接及相关保障。”即跨省（自治区、直辖市）增援力量调动和使用，是国家级的专业机构直接“对接”省级专业机构。也就意味着，跨省（自治区、直辖市）增援力量的调动和使用权，省级人民政府已经授权于省（自治区、直辖市）森林（草原）防（灭）火指挥机构。

再看“需要解放军和武警部队参与扑火时，由国家森林草原防灭火指挥部向中央军委联合参谋部提出用兵需求，或者由省级森林（草原）防（灭）火指挥机构向所在战区提出用兵需求。”即向所在战区提出用兵需求权限授权于省级森林（草原）防（灭）火指挥机构。

现在回头看“根据森林草原火灾应对需要，应首先调动属地扑火力量，邻近力量作为增援力量。”根据前面两种情况的授权，调动邻近力量作为增援力量时，可以由上一级森林（草原）防（灭）火指挥机构统筹协调，调出、调入力量由本级的森林（草原）防（灭）火指挥机构组织实施。

（5）预警信息发布权的授权

本《预案》“5.1.2　预警发布”中规定：“由应急管理部门组织，各级林草、公安和气象主管部门加强会商，联合制作森林草原火险预警信息，并通过预警信息发布平台和广播、电视、报刊、网络、微信公众号以及应急广播等方式向涉险区域相关部门和社会公众发布。国家森林草原防灭火指挥部办公室适时向省级森林（草原）防（灭）火指挥机构发送预警信息，提出工作要求。”

森林草原防灭火工作实践中，一些地区为了发布森林草原火险预警信息，需要层层上报申请、审批，不仅影响了森林草原火险预警的时效性，而且增加了额外的工作负担，降低了森林草原防灭火的工作成效。

也有一些地区为了增强所发布森林草原火险预警信息的权威性，非要以当地人民政府的名义发布，其实也没有必要。关键要加强本《预案》宣传的力度，要让有关部门和公众知道，所发布的预警信息，并不是发布部门的，而是代表当地人民政府发布的。

（6）预警响应监督和指导的授权

本《预案》“5.1.3　预警响应”中规定：“各级森林（草原）防（灭）火指挥机构视情对预警地区森林草原防灭火工作进行督促和指导。”

（7）信息报告的授权

授权于地方各级森林（草原）防（灭）火指挥机构。详见本《预案》“5.2　信息报告”。

（8）森林草原火灾应急分级响应的授权

授权于各级森林（草原）防（灭）火指挥机构。参见本节“（2）森林草原火灾扑救的指挥权”。

（9）火场清理看守的授权

本《预案》“6.2.7　火场清理看守”，授权于当地专业防扑火力量。

（10）工作总结的授权

已授权于各级森林（草原）防（灭）火指挥机构。

4.5.2　本《预案》可授权的条目

注意：本节所指可授权的条目，与前一节所指的已授权不同，已授权条目的内容，地方各级人民政府及其行政首长不应过多干预。而这里的可授权条目的内容，则是地方各级人民政府及其行政首长的职责范围，即使授权于相关部门，也不能放任不管，应该共同承担起其职责。

（1）国家综合性消防救援队伍增援扑火的请求

本《预案》“4.2　力量调动”中规定：“跨省（自治区、直辖市）调动国家综合性消防救援队伍增援扑火时，由火灾发生地省级人民政府或者应急管理部门向应急管理部提出申请，按有关规定和权限逐级报批。”可以看出，如果火灾发生地省级人民政府想要授权的话，可以授权于省级应急管理部门向应急管理部提出申请。

（2）预警响应

当发布蓝色、黄色、橙色、红色预警信息后，预警地区县级以上地方人民政府及其有关部门应当立即响应，按照本《预案》的要求采用相应的措施。

（3）转移安置人员

本《预案》“6.2.2　转移安置人员”中规定：“当居民点、农牧点等人员密集区受到森林草原火灾威胁时，及时采取有效阻火措施，按照紧急疏散方案，有组织、有秩序地及时疏散居民和受威胁人员，确保人民群众生命安全。妥善做好转移群众安置工作，确保群众有住处、有饭吃、有水喝、有衣穿、有必要的医疗救治条件。”

这是地方各级人民政府及其行政首长的职责范围，地方各级人民政府可以根据森林草原火灾威胁的程度，授权于各相关部门或机构。

（4）救治伤员

这也是地方各级人民政府及其行政首长的职责范围，地方各级人民政府可以根据需要救治伤员的实际情况，授权于各相关部门或机构。

（5）保护重要目标

这是地方各级人民政府及其行政首长、已被授权的各级森林草原防灭火指挥机构共同的职责范围。可根据需要保护的重要目标的受威胁程度，授权于各相关部门或机构共同承担此任务。

（6）维护社会治安

这是地方各级人民政府及其行政首长的重要职责范围之一。在很多情况下，维护好社会治安，比直接参与扑火更重要。

（7）发布信息

笔者认为，信息的发布授权于各级森林草原防灭火指挥机构或火场前线指挥部是最恰当的。

（8）善后处置

这同样是地方各级人民政府及其行政首长的职责范围，地方各级人民政府可以根据需要抚慰、治疗、抚恤人员的实际情况，授权于各相关部门或机构。

（9）火灾评估

本《预案》“8.1　火灾评估”中规定：“县级以上地方人民政府组织有关部门对森林草原火灾发生原因、肇事者及受害森林草原面积和蓄积、人员伤亡，其他经济损失等情况进行调查和评估。必要时，上一级森林（草原）防（灭）火指挥机构可发督办函督导落实或者提级开展调查和评估。”

县级以上地方人民政府可以直接组织也可以授权有关部门开展火灾评估。

（10）火因火案查处

地方各级人民政府可以直接组织也可以授权有关部门进行火因火案查处。

（11）预案管理与更新

本《预案》“9.3　预案管理与更新”中规定：“预案实施后，国家森林草原防灭火指挥部会同有关部门组织预案学习、宣传和培训，并根据实际情况适时组织进行评估和修订。县级以上地方人民政府应急管理部门结合当地实际编制森林草原火灾应急预案，报本级人民政府批准，并报上一级人民政府应急管理部门备案，形成上下衔接、横向协同的预案体系。”

显然，中央人民政府将“预案管理与更新”授权给了国家森林草原防灭火指挥部。同样，县级以上地方人民政府也可以将“预案管理与更新”授权给本级的应急管理部门，但是，要做好组织、指导、审核和批准，并报上一级人民政府应急管理部门备案。

4.5.3　本《预案》不宜授权的条目

（1）森林草原防灭火指挥机构的设置

本《预案》“3.1　森林草原防灭火指挥机构”中规定：“县级以上地方人民政府按照“上下基本对应”的要求，设立森林（草原）防（灭）火指挥机构，负责组织、协调和指导本行政区域（辖区）森林草原防灭火工作。”

设立森林草原防灭火指挥机构，是县级以上地方人民政府及其行政首长的职责，不宜授权。

（2）启动应急响应和应急结束

本《预案》在分级响应中，只是表明根据分级响应原则，分别由谁为主组织处置，并没有明确由谁启动应急响应。本《预案》在“6.2.8　应急结束”中规定：“在森林草原火灾全部扑灭、火场清理验收合格、次生灾害后果基本消除后，由启动应急响应的机构决定终止应急响应。”

参照《国家森林火灾应急预案》《全国草原火灾应急预案》关于启动应急响应和应急结束的条款，启动应急响应和应急结束都是不能授权的。

（3）输送保障

运输保障只有地方各级人民政府才能提供，作为行政首长显然不能授权于其他机构或部门。

（4）物资保障

本《预案》“7.2　物资保障”中规定：“应急管理部、国家林业和草原局会同国家发展改革委、财政部研究建立集中管理、统一调拨，平时服务、战时应急，采储结合、节约高效的应急物资保障体系。加强重点地区森林草原防灭火物资储备库建设，优化重要物资产能保障和区域布局，针对极端情况下可能出现的阶段性物资供应短缺，建立集中生产调度机制。科学调整中央储备规模结构，合理确定灭火、防护、侦通、野外生存和大型机械等常规储备规模，适当增加高技术灭火装备、特种装备器材储备。”在此段，看似已经将森林草原防灭火物资保障授权于应急管理部、国家林业和草原局，但是，应急管理部、国家林业和草原局只是森林草原防灭火应急物资保障体系的承建者，建设森林草原防灭火应急物资保障体系依靠的是中央财政。应该认真研读“应急管理部、国家林业和草原局会同国家发展改革委、财政部研究建立集中管理、统一调拨，平时服务、战时应急，采储结合、节约高效的应急物资保障体系”这句话，特别是“会同国家发展改革委、财政部”，已经非常明确了中央政府在物资保障上并没有授权。

同样，规定的“地方森林（草原）防（灭）火指挥机构根据本地森林草原防灭火工作需要，建立本级森林草原防灭火物资储备库，储备所需的扑火机具，装备和物资。”并不是获得了本级人民政府的授权。所以，地方各级人民政府及其行政首长不能将物资保障进行授权。

（5）资金保障

本《预案》“7.3　资金保障”中规定：“县级以上地方人民政府应当将森林草原防灭火基础设施建设纳入本级国民经济和社会发展规划，将防灭火经费纳入本级财政预算，保障森林草原防灭火所需支出。”

资金保障是县级以上人民政府及其行政首长的重要职责，不宜授权，无须赘述。

（6）约谈整改

“省级人民政府及其有关部门应及时约谈县级以上地方人民政府及其有关部门主要负责人，要求其采取措施及时整改。”显然，“约谈”不能授权，“整改”更不能授权！

（7）责任追究

地方各级人民政府应“依据有关法律法规追究属地责任、部门监管责任、经营主体责任、火源管理责任和组织扑救责任。”

（8）表彰奖励

地方各级人民政府是森林草原防灭火工作的主体，理应承担起表彰奖励的责任，对在扑火工作中贡献突出的单位、个人给予表彰奖励；并按有关规定评定烈士。

4.6　关于分级响应

4.6.1　森林草原火险预警的分级响应

根据森林草原火险指标、火行为特征和可能造成的危害程度，将森林草原火险预警级别划分为 4 个等级，由高到低依次用红色、橙色、黄色和蓝色表示，具体分级标准按照有关规定执行（表 4-1）。

表 4–1 森林草原火险预警的分级响应

等级名称	发布部门	响应部门	响应措施
蓝色 黄色	应急管理部门组织，各级林草、公安和气象主管部门联合制作并发布 国家森林草原防灭火指挥部办公室适时向省级森林（草原）防（灭）火指挥机构发送预警信息，提出工作要求	县级以上地方人民政府及其有关部门	密切关注天气情况和森林草原火险预警变化，加强森林草原防火巡护、卫星林火监测和瞭望监测，做好预警信息发布和森林草原防火宣传工作，加强火源管理，落实防火装备、物资等各项扑火准备，当地各级各类森林消防队伍进入待命状态
橙色 红色	应急管理部门组织，各级林草、公安和气象主管部门联合制作并发布 国家森林草原防灭火指挥部办公室适时向省级森林（草原）防（灭）火指挥机构发送预警信息，提出工作要求	县级以上地方人民政府及其有关部门	在蓝色、黄色预警响应措施的基础上，进一步加强野外火源管理，开展森林草原防火检查，加大预警信息播报频次，做好物资调拨准备，地方专业防扑火队伍、国家综合性消防救援队伍视情对力量部署进行调整，靠前驻防

4.6.2 森林草原火灾应急的分级响应

根据森林草原火灾初判级别、应急处置能力和预期影响后果，综合研判确定本级响应级别（表 4–2）。按照分级响应的原则，及时调整本级扑火组织指挥机构和力量。火情发生后，按任务分工组织进行早期处置；预判可能发生一般、较大森林草原火灾，由县级森林（草原）防（灭）火指挥机构为主组织处置；预判可能发生重大、特别重大森林草原火灾，分别由设区的市级、省级森林（草原）防（灭）火指挥机构为主组织处置；必要时，应及时提高响应级别。

表 4–2 森林草原火灾应急的分级响应

等级名称	响应启动与结束部门	响应部门	响应措施
一般较大森林草原火灾	县级人民政府	县级人民政府，县级森林草原防灭火指挥机构	先研判气象、地形、环境等情况及是否威胁人员密集居住地和重要危险设施，科学组织扑救。响应措施包括：扑救火灾、转移安置人员、救治伤员、保护重要目标、维护社会治安、发布信息、火场清理看守、应急结束、善后处置
重大森林草原火灾	设区的市级人民政府或省级人民政府	市级人民政府，市级森林草原防灭火指挥机构 或省级人民政府，省级森林草原防灭火指挥机构	先研判气象、地形、环境等情况及是否威胁人员密集居住地和重要危险设施，科学组织扑救。响应措施包括：扑救火灾、转移安置人员、救治伤员、保护重要目标、维护社会治安、发布信息、火场清理看守、应急结束、善后处置
特别重大森林草原火灾	省级人民政府	省级人民政府，省级森林草原防灭火指挥机构	先研判气象、地形、环境等情况及是否威胁人员密集居住地和重要危险设施，科学组织扑救。响应措施包括：扑救火灾、转移安置人员、救治伤员、保护重要目标、维护社会治安、发布信息、火场清理看守、应急结束、善后处置

4.6.3 国家层面的森林草原火灾应急的分级响应

森林草原火灾发生后，根据火灾严重程度、火场发展态势和当地扑救情况，国家层面应对工作设定Ⅳ级、Ⅲ级、Ⅱ级、Ⅰ级4个响应等级（表4-3），并通知相关省（自治区，直辖市）根据响应等级落实相应措施。

表4-3 森林火灾应急的分级响应

等级名称	启动条件和启动部门	响应措施
Ⅳ级	（1）过火面积超过500公顷的森林火灾或者过火面积超过5000公顷的草原火灾； （2）造成1人以上3人以下死亡或者1人以上10人以下重伤的森林草原火灾； （3）舆情高度关注，中共中央办公厅、国务院办公厅要求核查的森林草原火灾； （4）发生在敏感时段、敏感地区，24小时尚未得到有效控制、发展态势持续蔓延扩大的森林草原火灾； （5）发生距国界或者实际控制线5公里以内且对我国森林草原资源构成一定威胁的境外森林火灾； （6）发生距国界或者实际控制线5公里以外10公里以内且对我国森林草原资源构成一定威胁的境外草原火灾； （7）同时发生3起以上危险性较大的森林草原火灾。 符合上述条件之一时，经国家森林草原防灭火指挥部办公室分析评估，认定灾情达到启动标准，由国家森林草原防灭火指挥部办公室常务副主任决定启动Ⅳ级响应	（1）国家森林草原防灭火指挥部办公室进入应急状态，加强卫星监测，及时连线调度火灾信息； （2）加强对火灾扑救工作的指导，根据需要预告相邻省（自治区、直辖市）地方专业防扑火队伍、国家综合性消防救援队伍做好增援准备； （3）根据需要提出就近调派应急航空救援飞机的建议； （4）视情发布高森林草原火险预警信息； （5）根据火场周边环境，提出保护重要目标物及重大危险源安全的建议； （6）协调指导中央媒体做好报道
Ⅲ级	（1）过火面积超过1000公顷的森林火灾或者过火面积超过8000公顷的草原火灾； （2）造成3人以上10人以下死亡或者10人以上50人以下重伤的森林草原火灾； （3）发生在敏感时段、敏感地区，48小时尚未扑灭明火的森林草原火灾； （4）境外森林火灾蔓延至我国境内； （5）发生距国界或实际控制线5公里以内或者蔓延至我国境内的境外草原火灾。 符合上述条件之一时，经国家森林草原防灭火指挥部办公室分析评估，认定灾情达到启动标准，由国家森林草原防灭火指挥部办公室主任决定启动Ⅲ级响应	（1）国家森林草原防灭火指挥部办公室及时调度了解森林草原火灾最新情况，组织火场连线、视频会商调度和分析研判；根据需要派出工作组赶赴火场，协调、指导火灾扑救工作； （2）根据需要调动相关地方专业防扑火队伍、国家综合性消防救援队伍实施跨省（自治区，直辖市）增援； （3）根据需要调动应急航空救援飞机跨省（自治区、直辖市）增援； （4）气象部门提供天气预报和天气实况服务，做好人工影响天气作业准备； （5）指导做好重要目标物和重大危险源的保护； （6）视情及时组织新闻发布会协调指导中央媒体做好报道

（续）

等级名称	启动条件和启动部门	响应措施
Ⅱ级	（1）过火面积超过10000公顷的森林火灾或者过火面积超过15000公顷的草原火灾； （2）造成10人以上30人以下死亡或者50人以上100人以下重伤的森林草原火灾； （3）发生在敏感时段、敏感地区，72小时未得到有效控制的森林草原火灾； （4）境外森林草原火灾蔓延至我国境内，72小时未得到有效控制。 符合上述条件之一时，经国家森林草原防灭火指挥部办公室分析评估，认定灾情达到启动标准并提出建议，由担任应急管理部主要负责同志的国家森林草原防灭火指挥部副总指挥决定启动Ⅱ级响应	在Ⅲ级响应的基础上，加强以下应急措施： （1）国家森林草原防灭火指挥部组织有关成员单位召开会议联合会商，分析火险形势，研究扑救措施及保障工作；会同有关部门和专家组成工作组赶赴火场，协调、指导火灾扑救工作； （2）根据需要增派地方专业防扑火队伍、国家综合性消防救援队伍跨省（自治区、直辖市）支援，增派应急航空救援飞机跨省（自治区、直辖市）参加扑火； （3）协调调派解放军和武警部队跨区域参加火灾扑救工作； （4）根据火场气象条件，指导、督促当地开展人工影响天气作业； （5）加强重要目标物和重大危险源的保护； （6）根据需要协调做好扑火物资调拨运输、卫生应急队伍增援等工作； （7）视情及时组织新闻发布会，协调指导中央媒体做好报道
Ⅰ级	（1）过火面积超过100000公顷的森林火灾或者过火面积超过150000公顷的草原火灾（含入境火），火势持续蔓延； （2）造成30人以上死亡或者100人以上重伤的森林草原火灾； （3）国土安全和社会稳定受到严重威胁，有关行业遭受重创，经济损失特别巨大； （4）火灾发生地省级人民政府已经没有能力和条件有效控制火场蔓延。 符合上述条件之一时，经国家森林草原防灭火指挥部办公室分析评估，认定灾情达到启动标准并提出建议，由国家森林草原防灭火指挥部总指挥决定启动Ⅰ级响应。必要时，国务院直接决定启动Ⅰ级响应	（1）组织火灾发生地省（自治区、直辖市）党委和政府开展抢险救援救灾工作； （2）增调地方专业防扑火队伍、国家综合性消防救援队伍，解放军和武警部队等跨区域参加火灾扑救工作；增调应急航空救援飞机等扑火装备及物资支援火灾扑救工作； （3）根据省级人民政府或者省级森林（草原）防（灭）火指挥机构的请求，安排生活救助物资，增派卫生应急队伍加强伤员救治，协调实施跨省（自治区、直辖市）转移受威胁群众； （4）指导协助抢修通信、电力、交通等基础设施，保障应急通信、电力及救援人员和物资交通运输畅通； （5）进一步加强重要目标物和重大危险源的保护，防范次生灾害； （6）进一步加强气象服务，紧抓天气条件组织实施人工影响天气作业； （7）建立新闻发布和媒体采访服务管理机制，及时、定时组织新闻发布会，协调指导中央媒体做好报道，加强舆论引导工作； （8）决定森林草原火灾扑救其他重大事项

参考文献

陈欣，2021. 补短板 强弱项 解决突出问题——写在《国家森林草原火灾应急预案》修订颁布后［J］. 中国应急管理（1）：20-23.

丁文喜，2009. 突发事件应对与公共危机管理［M］. 北京：光明日报出版社.

杜永胜，2007. 统一领导 分级处置 快速响应——《国家处置重、特大森林火灾应急预案》解读［J］. 中国应急救援（8）：52-54.

国家林业和草原局政府网，2017. 森林防火条例［OL］.［2021-06-15］http：//www.forestry.gov.cn/main/3950/20170314/459871.html.

国家林业和草原局政府网，2018. 中华人民共和国草原法 http：//www. forestry. gov. cn/main/3949/20180918/114120127762082.html 国务院办公厅.

国务院办公厅，2020. 国务院办公厅关于印发国家森林草原火灾应急预案的通知［OL］.［2021-06-15］http：//www.gov.cn/zhengce/content/2020-11/23/content_5563570.htm.

郝永平，孙林，2020. 切实坚持人民至上生命至上［J］. 党建（7）：14-16.

民政部救灾救济司，2007.《国家自然灾害救助应急预案》解读［J］. 中国应急救援（10）：45-48.

闪淳昌，2015. 新修订的《国家突发环境事件应急预案》解读［J］. 中国应急救援（2）：42-43.

汪亭友，2020. 人民至上、生命至上理念的践行与思考［J］. 人民论坛（21）：95-97.

王立伟，岳金柱，2006. 实用森林灭火组织指挥与战术技术读本［M］. 北京：中国林业出版社.

王祯军，尹锋林，2010. 论“以人为本”原则在突发事件应对法中的体现［J］. 大连理工大学学报（社会科学版）（4）：120-124.

新华社，2006. 国家突发公共事件总体应急预案［OL］.［2021-06-15］http：//www.gov.cn/yjgl/2006-01/08/content_21048.htm.

新华社，2019. 中华人民共和国森林法［OL］.［2021-06-15］http：//www.gov.cn/xinwen/2019-12/28/content_5464831.htm.

鄢虎，冯雄，欧阳洪波，2010. 论以人为本的抢险救灾原则［J］. 湖南科技学院学报（10）：107-111.

岳金柱，冯仲科，姜伟，2008. 我国森林火灾应急响应分级与处置相关问题的研究探讨［J］. 森林防火（3）：36-38.

张思玉，张惠莲，2006. 森林火灾预防［M］. 北京：中国林业出版社.

张思玉，2009. 我国夏季森林火灾应急体系建设的思考［J］. 中国应急救援（6）：4-6.

张思玉，2013. 我国森林火灾特点的动态分析［J］. 森林防火（2）：15-19.

张思玉，2016.《国家森林火灾应急预案》解读［M］. 北京：中国林业出版社.

中国气象局应急管理办公室，2007. 预防为主 提升气象防灾减灾能力——《重大气象灾害预警应急预案》解读［J］. 中国应急救援（10）：54-55.

中国政府法制信息网，2020. 草原防火条例［OL］.［2021-06-15］http：//www.gov.cn/zhengce/2020-12/25/content_5574529.htm.

中央政府门户网站，2007. 中华人民共和国突发事件应对法［OL］.［2021-06-15］http：//www.gov.cn/

zhengce/2007-08/30/content_2602205.htm.
中央政府门户网站，2010. 农业部关于印发《全国草原火灾应急预案》的通知［OL］.［2021-06-15］http：//www.gov.cn/gzdt/2010-11/26/content_1754048.htm.
中央政府门户网站，2012. 国家森林火灾应急预案［OL］.［2021-06-15］http://www.gov.cn/yjgl/2012-12/25/content_2298315.htm.
钟南山，2020. 人民至上 生命至上［J］. 新华月报（19）：125.
周庆行，吴新中，2004."以人为本"：危机管理的核心原则与灵魂［J］. 新视野（5）：49-51.

附　录

附录 1　中华人民共和国森林法
附录 2　中华人民共和国草原法
附录 3　中华人民共和国突发事件应对法
附录 4　森林防火条例
附录 5　草原防火条例
附录 6　国家突发公共事件总体应急预案
附录 7　国家森林火灾应急预案
附录 8　全国草原火灾应急预案

扫一扫查看
附录内容